DER WOLF

DÖRFLER
FAUNA & FLORA

Angelika Sigl

DER WOLF

Zwischen Mythos und Wahrheit

Bildnachweis

Silvestris, Wothe: 30; NHPA: Titelbild, 138 unten; Gérard Lacz: 10-11, 55 unten, 57; Martinez: 88; Frank Lane: 97, 141 unten; Walter Rohdich: 110; Jörg und Petra Wegner: 100-101, 114-115, 121, 125, 131 unten, 133, 139, 143; Fischer: 118-119; Schulz: 120; Raim und Cramm: 127; Wolfgang Willner: 134; Walz: 138 oben; Francisco Marquez: 140 oben.

Dembinsky Photo Assoc, Dominique Braud: Vorsatz, 112 unten; Doug Locke: Schmutztitel, 12, 13oben links, 95; Mark J. Thomas: 13 unten links, 13 unten rechts, 22 oben, 25, 54, 55 oben, 69; Carl R. Sams, II/Jean F. Stoick: 20-21, 80-81; Skip Moody: 22 unten; Darrell Gulin: 43 unten, 78 unten; Jim Roetzel: 77; Bruce Montagne: 128-129, 136.

SUNSET, Gérard Lacz: 6-7, 19, 26, 40, 85, 105, 121, 146 unten; Leeson: 16, 148; Animals Animals: 73, 112 oben; Puillandre: 82.

IFA-Bilderteam, Ventura: Innentitel, 13 oben rechts; P.A.N.: 15; BCI: 17 unten, 18, 34-35, 38, 39 unten, 44, 46-47, 71 oben, 76 unten, 83, 126; Stephen Krasemann: 23 unten, 26-27; Walz: 24, 70; Aberham: 36-37, 50; Krahmer: 48-49, 71 unten; DISC: 52-53, 108; Wolf: 72; Weststock: 76 oben, 113, 130; Becker: 131 oben.

Reinhard-Tierfoto, Hans Reinhard: 14, 17 oben, 29, 31, 39 oben, 42, 51, 60, 61, 66, 67 oben, 67 unten, 103, 132, 132 unten; Nils Reinhard: 41, 56, 68, 93 unten, 94 oben, 104, 106-107, 135, 147 unten.

Archiv für Kunst und Geschichte, Berlin: 32 oben, 32 unten, 92, 93 oben, 94 unten, 98, 99, 102, 111; Erich Lessing: 96.

Tretjakow-Galerie: 33.

NHPA, Rich Kirchner: 9; Andy Rouse: 23 oben, 24 oben, 43 oben, 63, 64-65, 74 oben, 75, 84, 122, 147 oben; Stephen Krasemann: 45, 78 oben, 89, 144-145, 146 oben; David Middleton: 59 oben, 86; E.A. Janes: 79; Darek Karp: 135, 137; John Shaw: Nachsatz.

FLPA, Terry Whittaker: 58, 59 unten, 117, 140 unten, 141 oben; Lee Rue: 74 unten; M. van Nostrand: 87 oben, 87 unten; Mark Newman: 109, 149.

Bavaria Bildagentur: 90-91, 124, 142.

Illustrationen: Johann Brandstetter, Neuötting

Layout: Birgit Voigt, Burghausen

Redaktion: Jürgen Lindenburger, München

Bildbeschaffung: Silvestris, Kastl

Lektorat: Susanne Kattenbeck

1 2 3 4 5 9 8 7 6 5

INHALT

Einleitung

Die Zukunft des Wolfs ist nicht rosig

Der Fall „Isegrim“ ist, zumindest im europäischen Raum, relativ hoffnungslos. Man könnte sogar meinen, dass seine Tage auf Erden gezählt sind, wenn man die Zahlen betrachtet, die Wissenschaftler in den letzten Jahrzehnten zusammengetragen haben. Der lange, hartnäckig durchgeführte Vernichtungsfeldzug, der bis heute anhält, hat seinen Tribut gefordert. Aber es gibt den Wolf noch, und das ist wundersam genug. Er hat noch Rückzugsgebiete, wie die Weiten Kanadas, Alaskas, Sibiriens oder Kasachstans. Auch in den GUS und in China wäre noch Platz. Doch bis hierhin sind die Schutzbestrebungen noch nicht vorgedrungen.

Ganz werden sie wahrscheinlich nicht verschwinden, dazu haben Wölfe schon zu lange überlebt. Ob sich aber die Wolfsbestände wieder erholen werden, ist fraglich. Ist es jedoch erstrebenswert, in einer von Straßennetzen, Eisenbahnschienen und Wanderwegen durchzogenen Natur einen scheuen, wilden Jäger zu halten? Man sieht am Beispiel Europa, dass der Konflikt zwischen Mensch und Tier, zwischen Zivilisation und Natur, was Räuber wie Wölfe oder auch Bären betrifft, nahezu unüberwindbare Probleme aufwirft. Nehmen wir Deutschland. Wo gibt es noch Gebiete für den Wolf die ausreichend groß und unbewohnt sind, um ein für Mensch und Wolf ungefährliches, sinnvolles Refugium darzustellen? Einzig in einem etwa 2000 Quadratkilometer großen Gebiet zwischen Böhmerwald und Bayerischem Wald sind diese Voraussetzungen gegeben. Die Waldweidewirtschaft wurde hier, im ehemaligen Grenzgebiet zwischen Bayern und Böhmen, vollkommen eingestellt und so ist der Kontakt zum Menschen gering. Auch Wild, die Lebensgrundlage für unseren Räuber, hat sich hier wieder in ausreichender Zahl angesiedelt. Eine natürliche Regulation der Wildbestände durch den Wolf wäre sogar wünschenswert. Wer einzig sich wehrt den wilden Bösewicht wieder in seine Nähe kommen zu lassen, ist der Mensch. Die über Jahrtausende eingeimpften Angst- und Hassgefühle sind immer noch stark ausgeprägt, auch wenn wir Menschen das leugnen möchten. Das zeigte sich bei einer Volksbefragung in diesem Gebiet: Die meisten Einwohner waren gegen eine Wiedereinbürgerung des Wolfs. Hat er dann überhaupt eine Überlebenschance in Deutschland? Werden dann nicht die Jäger, wie im Mittelalter wieder auf die Hatz geschickt werden? Noch ist es nicht so weit. Nur einige wenige Wölfe wagen es, die Grenze nach Deutschland zu passieren.

In anderen europäischen Ländern gibt es Beispiele für die Wiedereinbürgerung von ganzen Wolfsrudeln. Die folgende Geschichte hat sich vor einigen Jahren an der Grenze zwischen Norwegen und Schweden ereignet: Ein einsamer Wolf, von den Menschen dieser Region nicht beachtet, zog im Wald umher. Jahre später berichtete man plötzlich von einem Wolfsrudel. Sollte der Einzelgänger einen Partner gefunden haben? Die Naturschützer jubelten, die Bauern und Jäger dieser Region waren außer sich. Als sich ein junger Wolf vom Rudel entfernte und sich auf den Weg in Richtung Stadt machte, begleiteten ihn die Medien und die Jäger. Ein Massenaufgebot der Polizei schnappte sich den Ausreißer kurz vor der Stadtgrenze von Malmös und brachte ihn in seine Heimat zurück. Doch der wanderlustige Jüngling riss wieder aus, und wie es das Schicksal eines ungehorsamen Tiers sein muss, wurde er kurz vor den Toren Göteborgs erschossen. Die Bevölkerung reagierte auf diesen Vorfall unterschiedlich: Da gab es das Lager der Wolfsschützer und das der Wolfsgegner. Die Gegner hatten einige tausend Anhänger, Landwirte und Jäger. Die Schützer waren einige hundert Menschen, die weit entfernt von jedem Wolf lebten. Die Gegner unterstellten dem Wolf nicht nur die Gefährdung von Haustier und Mensch, sondern sprachen auch von verheerende Folgen für den Elchbestand dieser Region. In einem Land das buchstäblich von den Elchen kahl gefressen wird, sollten die wenigen, von Wölfen gerissenen Tiere, plötzlich in die Waagschale fallen! Das Ganze wurde zum Politikum – bis die Wölfe nicht mehr ihrer Wanderlust frönten und sich in Vämland etablierten.

Werden wir in Deutschland demnächst auch solche paradoxen Geschichten hören und lesen? Wenn der Wolf wiederkommt sicherlich. Es stellt sich aber bei so vielen Vorurteilen und Abneigungen gegen eine geächtete Art die Frage, ob es überhaupt sinnvoll ist, um das Überleben dieser Art zu kämpfen, zumal es bald um unser eigenes Überleben gehen wird. Täglich werden wir über die Medien mit Schreckensmeldungen konfrontiert, ein Reaktor explodiert, ein Staudamm bricht, die Bäume sterben, die Menschheit wird sich in den nächsten 25 Jahren nahezu verdoppeln, der tropische Regenwald wird abgeholzt, das Klima verändert sich, das Ozonloch wird immer größer … Weshalb sollte angesichts dieser Probleme das Überleben einer so kleinen, unwichtigen Art wie der des Wolfs interessieren? Gerade wegen dieser existentiellen Probleme aller Lebewesen auf der Erde ist eine grundsätzliche Neuorientierung nötig. Man könnte das Schicksal des Wolfs sinnbildlich für das Leben auf der ganzen Erde sehen. Der Wolf wurde vom Menschen und seinem Streben nach wirtschaftlichem Aufschwung, überrollt. Die Ökonomie hat die Ökologie in den Hintergrund gedrängt. Ein Umschwung in die entgegengesetzte Richtung wird aber für uns alle überlebenswichtig werden. Das wesentliche Glied das diesen Umschwung einleiten kann ist der Mensch. Ob er es schaffen wird exemplarisch am Wolf seine Vorurteile abzubauen und die Bedingungen zu erfüllen, die der Wolf für einen Fortbestand braucht ist ungewiss – aber die Hoffnung bleibt.

9 Junge Wölfe suchen immer den Kontakt zu den Geschwistern. Er bedeutet Wärme, Schutz und Geborgenheit, wenn kein erwachsener Wolf in der Nähe ist.

Der Hirt und der Wolf

Ein Hirte, der einen erst kurz geworfenen jungen Wolf gefunden hatte, nahm ihn mit sich und zog ihn mit seinen Hunden auf. Als derselbe herangewachsen war, verfolgte er, so oft ein Wolf ein Schaf raubte, diesen auch zugleich mit den Hunden. Da aber die Hunde den Wolf zuweilen nicht einholen konnten und deshalb wieder umkehrten, so verfolgte ihn jener allein und nahm, wenn er ihn erreicht hatte, als Wolf ebenfalls teil an der Beute; hierauf kehrte er zurück. Wenn jedoch kein fremder Wolf ein Schaf raubte, so brachte er selbst heimlich eines um und verzehrte es gemeinschaftlich mit den Hunden, bis der Hirte, nach langem Hin- und Herraten das Geschehene inne ward, ihn an einem Baum aufhängte und tötete.
Die Fabel lehrt, dass die schlimme Natur keine gute Gemütsart aufkommen lässt.

(Äsop, 6. Jahrhundert v. Chr.)

Der Wolf

Klug, anpassungsfähig, zum Tod verurteilt.

Als wir uns etwa 300 000 Jahre vor unserer Zeitrechnung auf unsere Hinterbeine stellten, war er schon 100 000 Jahre auf der Erde. Wir schauten uns von ihm ab, was wir zum Überleben brauchten: Jagdmethoden, die Beurteilung der Fährte anderer Tiere, Erfolgsstrategien. Heute ist er unser Todfeind, denn er kann sechs Geißlein verschlingen, eine Großmutter und das Mädchen mit dem roten Käppchen noch dazu: der Wolf.

Grau bzw. schwarz mit einem Körpergewicht von etwa 40 Kilogramm, streift er durch die Waldgebiete Nordamerikas. „Timberwolf" nennt man ihn hier. Es gibt aber auch den Mackenzie-Waldwolf oder den Great Plains Wolf, den Alaska-Tundrawolf oder den Nebraskawolf, der sich nur von Büffeln ernährt. Jeder von ihnen sieht ein wenig anders aus. Die Wölfe Kanadas, Alaskas und der GUS sind die größten. Bis zu 80 Kilogramm können sie auf die Waage bringen. Die Wölfe Kanadas, Alaskas und der nördlichen USA tragen ein graubraunes oder schwarzes Fell.

Weiß und an die 45 Kilogramm schwer, kurzschnauzig und kurzbeinig, springt er in der arktischen Einsamkeit von Eisscholle zu Eisscholle, der arktische Wolf.

Eher scheue Waldbewohner sind die letzten europäischen Wölfe mit graubraunem Fell, einem Schäferhund gleichend, nur mit kleineren Ohren und einem schlankeren, stromlinienförmigeren Körper.

Die Wölfe der warmen und heißen Regionen, wie dem Vorderen Orient, sind kleiner und wiegen nur etwa 15 Kilogramm. Sie sind braun oder grau.

Für die Größenunterschiede bei den nördlichen und südlichen Wölfen gibt es einen wichtigen Grund. Im Norden herrscht kälteres Klima. Die Speicherung von Wärme und der Schutz vor dem Abkühlen sind überlebenswichtig. Ein großvolumiger Körper mit einer relativ kleineren Oberfläche kann Wärme länger speichern. Nördliche Wölfe erfüllen diese Wärmespeichervoraussetzungen mit ihrem größeren Körper eher, als südliche Wölfe.

Der Wolf kennt die Welt, denn er wandert gerne und trifft – heute eher spärlich – immer wieder auf Artgenossen, auch auf solche, die ihm nicht so ähnlich sehen. Neue Familien werden gegründet, neue Varianten entstehen. Manche dieser Varianten oder Rassen sind nur von Experten zu unterscheiden und auch nur dann, wenn das Gebiss genau untersucht und der Schädel vermessen wurde. Andere Rassen kann auch ein Laie erkennen, wie den arktischen oder den orientalischen Wolf. Genetische Untersuchungen haben

10-11 *Wölfe verständigen sich durch das Heulen über große Strecken hinweg.*

ergeben, dass es heute etwa 12 Wolfsunterarten oder Rassen gibt, die sich durch Lebensraum, Gebiss, Aussehen, Schädelumfang, Körpergröße und Gewicht unterscheiden, jedoch nicht in ihren Verhaltensmustern und der Naturgeschichte. Lange Zeit sprachen die Zoologen sogar von zwei Arten von Wölfen: Grauwolf *(Canis lupus)* und Rotwolf *(Canis lupus niger)*. Zu den Grauwölfen zählen alle Farb- und Körpervarianten von Wölfen, auch die arktischen und die schwarzen Wölfe. Nur im Südosten der USA ist der Rotwolf beheimatet. Doch bis heute ist nicht geklärt, ob es sich beim Rotwolf nicht um eine Kreuzung aus Kojote und Wolf handelt, und so gehen wir hier von einer Art beim Wolf, *Canis lupus*, aus.

Auch Bezeichnungen wie „Mähnenwolf", „Präriewolf", „Heulwolf" oder „Buschwolf" stiften Verwirrung. Der Mähnenwolf, zum Beispiel, kommt in Argentinien, Brasilien, Bolivien und Uruguay vor, sieht wie eine Kreuzung aus Kojote und Rotfuchs aus und ist nur entfernt mit dem Wolf verwandt. Auch der Kojote hat dieses Problem. Er wird als „Prärierwolf", „Buschwolf" oder „Heulwolf" bezeichnet. Irrtümlich werden Buschwolf und Kojote sogar als zwei verschiedene Tiere bezeichnet. Die vom Kojoten erlegten Hühner oder Schafe werden dem Buschwolf zugeschrieben und das Stigma des Killers hängt am Wolf.

Die Geschichte der Wölfe beginnt vor etwa 15 Millionen Jahren, im oberen Miozän. In dieser Zeit entwickelte sich *Tomarctus*. Es war ein verhältnismäßig kleines Raubtier aus dem durch schrittweise Anpassung Wölfe, Füchse, Schakale, Dingos und eine Zahl anderer Verwandter, wie auch der Haushund, entstanden.

Systematisch werden alle Nachfahren von *Tomarctus* in der Familie der Hundeartigen, *Canidae*, zusammengefasst. Sie besteht aus 16 Gattungen mit 36 Arten. Wie keinem anderen Mitglied der Hundefamilie ist es dem Wolf gelungen, die unterschiedlichsten Lebensräume zu besiedeln. Bis zum Beginn der Neuzeit lebte er in ganz Nordamerika, von den arktischen Inseln und Nordgrönland bis weit nach Mexiko hinein. In Eurasien bewohnte er die Regionen von der Polarküste bis in den Süden Indiens, von den Britischen Inseln und der Atlantikküste im Westen, bis zum Pazifik und nach Japan im Osten. Er kam von der baumlosen Tundra im Norden, über die Taiga, den Mischwaldgürtel bis zur Steppe und Wüste vor.

Der Wolf verträgt Meeresklima wie Festlandklima, kommt mit sumpfigen Niederungen ebenso gut zurecht, wie mit dem Hochgebirge. Da er ein Kulturflüchter ist, bevorzugt er menschenleere Regionen. Der Wolf besiedelte einst ein Gebiet von etwa 70 Millionen Quadratkilometern, das entspricht beinahe der Hälfte der gesamten Landfläche der Erde. Anpassungsfähigkeit, Klugheit und Vorsicht sind

12 *Timberwölfe leben in den Wäldern Nordamerikas.*

13 oben links *Timberwolf*

13 oben rechts *Arktischer Wolf im Schnee*

13 unten *Grauwölfe*

seine Markenzeichen. Sein Untergang begann mit der großflächigen Rodung der Wälder, dem damit verbundenen Rückgang von Beutetieren und schließlich der beispiellosen Verfolgung durch den Menschen, an dessen Weidetieren sich der Wolf vergriff.

Der heutige Haushund ist nachweislich ein domestizierter Wolf. Doch die Haushunde unterscheiden sich so stark von den Wölfen, dass man sie wissenschaftlich unter der Art Haushund *(Canis lupus familiaris)* einordnet.

Der Wolfsforscher Erik Zimen nimmt an, dass noch vor dem Lamm und dem Rind der Wolf der Erste war, den der Mensch zum Haustier machte. Vor etwa 15000 Jahren, am Rande des Eises, so vermutet er, gelang es dem Menschen, einer Wölfin ein paar Junge zu stehlen. Der Mensch wusste, dass die Wölfin nur einmal im Jahr in einer Höhle wirft. Zimen nimmt an, dass die hilflosen Jungen aus der Höhle entwendet wurden, als das Rudel auf Nahrungssuche war. Da es noch keine anderen Haustiere gab, die Milch lieferten, diente wohl die Menschenfrau als Ernährerin.

Man weiß heute aufgrund langer Studien über den Sozialisationsprozess von Welpen – damit ist die Phase gemeint, in der Welpen erkennen, in welchem Umfeld sie natürlicherweise leben und welche Sozialstruktur ihnen Schutz und Versorgung bietet –, dass ein Entfernen der Welpen von der Wolfsmutter möglichst bald nach der Geburt nötig ist, um einen Wolf an den Menschen zu gewöhnen. Sind Welpen schon einige Wochen alt, so sind sie schon von Mutter und Rudel geprägt und werden sich dem Menschen nie mehr ohne Angst, Scheu und Aggression anschließen können.

Warum aber fiel die Wahl des Menschen auf der Suche nach einem Haustier und Jagdbegleiter auf den Wolf und nicht auf eine andere Hundeart, wie dem Fuchs oder dem Kojoten? Unter den Hundearten ist der Wolf der größte und gehört zu den schnellsten, kräftigsten und geschicktesten Jägern. Er riecht auf zwei Kilometer einen Elch und hört auf 10 bis 15 Kilometer den Schlag der Hufe. Der Wolf besitzt die typische langbeinige Statur eines Läufers; er ist ein Zehengänger, belastet aber in schnellem Lauf auch andere Teile des Fußes. Geschwindigkeiten von 60 bis 70 Kilometern in der Stunde sind bei dieser Anatomie möglich. Nicht nur auf ebenem Gelände, sondern auch in felsigem und bewachsenem Terrain oder bei hohem Schnee hat der Wolf durch die Anatomie seiner Beine – nach innen gerichtete Kniegelenke und nach außen gestellte Pfoten – die Möglichkeit, eine schmale Spur zu setzen. Damit ist er auch in unwegsamem Gelände schnell und sicher.

Die interessanteste Eigenschaft des Wolfs wird für den ersten Wolfsbesitzer allerdings darin bestanden haben, dass er sich mit ihm verständigen konnte. Dazu gehört, dass der Wolf, wie auch der Mensch, gesellig ist. Seine Stärke liegt im Familienverband. Wenn man aber miteinander leben will,

14 *Mit gespitzten Ohren und aufmerksamem Blick beobachten diese Jungwölfe ihre Umgebung.*

15 *Ein Timberwolf durchstreift den herbstlichen Wald.*

16 *Das Verhältnis zwischen Mutter und Welpen ist bei den Wölfen sehr innig. Andere Rudelmitglieder können auch Mutterersatz leisten.*

17 oben *Spiel und Ernst sind bei den Wölfen besonders eng verbunden. Spielerisch wird die Rangordnung aufrechterhalten, spielerisch werden Aggressionen ausgelebt.*

17 unten *Ein Wolfsrudel besteht in der Regel aus einer Familie und den Welpen, manchmal auch in der zweiten Generation. In Gegenden mit Großwild sind die Rudel größer, wodurch der Jagderfolg wahrscheinlicher wird.*

muss man sich auch verständigen können. Die Kommunikation im Wolfsrudel funktioniert über ein ausdrucksvolles Minenspiel, Körpersignale, Geruchsinformationen und Lautäußerungen. Ein Wolf kann aber auch nur durch Bewegungen der Stirn-, Mund- und Ohrenmuskulatur sowie der Augen ganz genau vermitteln, wie er sich fühlt und was er will, und seine Artgenossen können entsprechend reagieren. Der Mensch hat ein ähnliches Mienenspiel und eine ähnliche Körpersprache. Damit war der Grundstein für ein „Verstehen" zwischen Mensch und Wolf gelegt. Andere Tiere, wie Vögel oder Meerschweinchen, können zwar auch ihre Gefühle äußern, zum Beispiel durch Schreien, Wegrennen oder Wegfliegen, sie sind aber für den Menschen mangels Mienenspiel nicht so rasch, eindeutig und mit verschiedenen Feinabstufungen zu verstehen.

Nicht nur das Mienenspiel und die Körpersprache rufen beim Menschen Reaktionen hervor, sondern auch die Laute des Wolfs. Ganz intuitiv bringen wir das bedrohliche Knurren oder das hilfesuchende Winseln in zwei verschiedenen Gefühlskategorien unter.

Die Dienstbarmachung eines wilden Tiers zeigte beim Wolf, dank all dieser Grundvoraussetzungen, zum ersten Mal in der Geschichte des Menschen Erfolg und nur wenige Gemeinsamkeiten sind dem Haushund und seinem Stammvater geblieben: Die Länge der Tragzeit, der Haarwechsel im Frühling und die Ausbildung eines Winterfells sowie die Reihenfolge, mit der die ersten Zähne erscheinen.

Die Verbindung mit dem Menschen hatte für den Wolf nicht nur positive Auswirkungen. So verlor der Hauswolf unter der Obhut des Menschen 30 % seines Gehirnvolumens und wurde zum eifrigen, willigen, untertänigen Jagdhund umfunktioniert. Der Mensch hat aus dem intelligenten Wolf einen dummen Hund gemacht.

Wölfe sind klüger als Haushunde. Sie begreifen zum Beispiel sehr schnell, wie man durch das Drehen eines Knopfs eine Tür öffnet. Ein Wolf kann das aufgrund eigener Erfahrungen lernen, aber auch – und das ist die den Hund bei weitem übertreffende Intelligenz – nur durch das Beobachten von Menschen. Wölfe haben die Fähigkeit zum einsichtigen Verhalten, das heißt sie können auch komplizierte Zusammenhänge durchschauen. Hat unser Hundestammvater einmal entdeckt, wie man aus einem Zwinger entweicht, wird man ihn nie wieder in diesem Zwinger halten können. Geschichten wie diese sind keine Seltenheit: Ein Wolf hatte einen 8 Zentimeter breiten Spalt neben einer Falltür an der Decke seines 2,5 Meter hohen Käfigs entdeckt. Über diesem Spalt zwischen Falltür und Käfig verlief das Öffnungsseil für die Zwingertür, die sich am Boden befand. Nachdem das Tier wohl beobachtet hatte, dass sich das Seil an der Zwingerdecke beim Öffnen der Zwingertür am Boden immer bewegte, versuchte es, das Seil mit seinen Zähnen zu erreichen und zu ziehen. Irgendwann gelang das dem eingesperrten Wolf und er öffnete damit die Tür am

18 *Beim Spielen lernen die Welpen wichtige Verhaltensweisen.*

19 *Gemeinsam warten die Welpen auf die Rückkehr der Mutter.*

Boden. Er entdeckte, dass die Zwingertür am Boden einrastete, wenn er kräftig am Seil zog. Nun zog er so lange, bis die Zwingertür offen blieb. Der Wolf begab sich in die Freiheit und ward nimmer gesehen. Zu solchen Denk- und Willensleistungen ist unser Freund und Hausgefährte, der Hund, nicht fähig.

Neben der Intelligenz gibt es noch weitere Unterschiede zwischen Wolf und Hund. Besonders auffällig sind die unzähligen Haushundrassen vom Pinscher bis zum Bernhardiner. Selbst Hunderassen wie der Schäferhund, die ihren Vorfahren noch ähnlich sehen, haben im Gegensatz zu den Wölfen keine Duftdrüsen an der Schwanzwurzel, die Pfoten sind kleiner, während die Gliedmaßen des Wolfs als etwas zu groß erscheinen. Der Hund hat kleinere Zähne, eine kürzere Schnauze und eine breitere Stirn.

Ein wesentlicher Unterschied zwischen Wolf und Hund liegt in der Auswahl seiner Gefährten: Der Hund bevorzugt den Menschen, der Wolf will unter Wölfen sein. Doch der in einem Wolfsrudel anzutreffende Hierarchiegedanke ist dem Hund noch zu Eigen. Der Chef des Haushunds ist sein Besitzer. Der Chef im Rudel ist der kräftigste Wolfsrüde mit den besten Eigenschaften, der Alpha-Rüde.

Ein weiteres Unterscheidungsmerkmal ist, dass Hunde zweimal im Jahr Junge werfen, der Wolf nur einmal.

Das Alpha-Männchen, der Alpha-Rüde, paart sich mit dem Alpha-Weibchen im Rudel, einer bevorzugten Dame, deren gemeinsame Welpen dann im Rudel großgezogen werden. Die anderen Mitglieder des Rudels paaren sich in der Regel nicht und bekommen auch keinen Nachwuchs. Bereits im ersten Lebensjahr erreichen Wölfe ihre endgültige Körpergröße. Viele sind im Herbst des ersten Jahres so schwer wie ein ausgewachsenes Tier. Das schnelle Wachstum und das damit verbundene rasche Erlernen des gesamten Verhaltensrepertoires hat seinen Sinn. Der nahende Winter verlangt Kraft und Ausdauer von den Nachkommen. Vor allem die Wölfe des Nordens müssen dem Schnee und Eis entfliehen und lange Wanderungen auf sich nehmen. Wären die Jungen noch zu klein, würden sie die langen Wanderungen in gemäßigtere Regionen kaum durchhalten. In manchen Gebieten Nordkanadas und Alaskas müssen die Wölfe den wandernden Karibuherden folgen, die ihre Hauptnahrungsquelle sind. 450 Kilometer und mehr werden von den Rudeln zurückgelegt. Wölfe wandern nur nachts und können dann auf der Suche nach Nahrung 20 bis 50 Kilometer in lockerem Trab zurücklegen.

Wölfe sind Rudeltiere. Das Rudel bietet Versorgung, Sicherheit und den lebenswichtigen sozialen Kontakt. Jeder einzelne Wolf nimmt in diesem Rudel eine andere Position und Rangstellung ein, die von seiner Persönlichkeit abhängig ist. Diese Persönlichkeit des einzelnen Tiers ist einerseits festgelegt, andererseits wird sie durch die Rangstellung im Rudel ständig geformt. Menschen, die Wölfe großgezogen haben, können diese Dynamik in einem Wolfsrudel bestätigen. Es gibt schüchterne Wölfe, hinterhältige, extrovertierte, undurchschaubare. Entsprechend ihres Charakters und ihrer Abstammung fügen sich die jungen Wölfe im Lauf ihrer Ent-

20-21 *Der junge Wolf ist genauso aufmerksam wie die Mutter – die Ohren steil aufgerichtet uind der Blick gebannt.*

22 oben *Heulender Grauwolf*

22 unten *Das Alpha-Paar beobachtet die Umgebung. Das Rudel wird nicht immer vom Leitwolf geführt, auch eine Wölfin kann dies tun.*

23 oben *Auf der Suche nach Nahrung müssen Wölfe weit wandern. Im Winter kann das besonders hart sein. Junge, unterernährte oder kranke Wölfe verenden in dieser Jahreszeit, auch wenn das Rudel versucht, die Schwachen mitzuernähren. Da nach Rangordnung gefressen wird, kommen die schwachen Tiere häufig zu kurz.*

23 unten *Ein Grauwolf löscht seinen Durst an einem Fluss.*

24 oben *Grauwolf beim Überqueren eines Flusses*

24 unten *Einsam streift dieser Wolf durch den Schnee.*

25 *Ein heimlicher Beobachter*

wicklung in die Struktur des Rudels ein und können auch hier ihre Rangstellung immer wieder verändern. Wie beim Menschen, so zeichnet sich auch beim Wolf eine individuelle Dynamik bei der Einordnung in eine Gruppe ab.

Im Rudel, dem Jagd- und Familienverband beim Wolf, steht an erster Stelle der Leitwolf, der Alpha-Rüde. Er hat sich diesen Rang erkämpft. Er ist der wesentliche Entscheidungsträger im Rudel, der erfahrene Anleiter, der Aufpasser und Beschützer, der freundlich-tolerante Mittelpunkt des Rudels. Zu ihm gehört das Alpha-Weibchen, das ranghöchste Weibchen im Rudel. Nur es bekommt normalerweise Junge und versucht zu verhindern, dass andere Weibchen im Rudel ebenso werfen. Die Aufgabe des Alpha-Weibchens ist es, die Nahrungsbeschaffung für die rasch wachsenden Welpen zu organisieren. Jedes zusätzliche Jungtier einer anderen Mutter würde die Überlebenschance der eigenen Nachkommen verringern. Mit Aggressivität und Durchsetzungsvermögen muss es dem Alpha-Weibchen gelingen, nur sich selbst fortzupflanzen.

Den beiden Alpha-Tieren folgen in einer abgestuften Rangordnung die anderen Wölfe des Rudels. Das Rudel ist meist für das gesamte Wolfsleben – und das beträgt bei einem Wolf in freier Wildbahn etwa sieben Jahre – die bevorzugte Lebensform. Ausnahmen sind die Rüden, die etwa im Alter von zwei Jahren das Rudel verlassen, und auf der Suche nach einem Lebenspartner zur Familien- und Rudelgründung erst einmal als Einzelgänger umherstreifen. Alte und schwache Rüden, die aufgrund der Abnutzung der Zähne und des Befalls mit Schmarotzern große Schwierigkeiten bei der Nahrungsaufnahme haben, werden

manchmal von ihrem Rudel ausgestoßen. Sie sind als Einzelgänger zum Tod verurteilt.

Der Jagderfolg ist im Rudel größer und die Chance, satt zu werden ebenso, denn ein ausgewachsener Wolf braucht zwei bis drei Kilogramm Fleisch am Tag; dies entspricht einem mittleren Hirsch oder fünf Rehen im Monat. Unentbehrlich ist der Wolf als „Gesundheitspolizei" der Natur. Alte und kranke Tiere sind seine Hauptnahrung. Nur wenn ihm leichte Beute, zum Beispiel durch eingesperrte Nutztiere möglich ist, nimmt er diese Chance wahr – zum großen Verdruss der Bauern. Wölfe schlagen nur so viel Beute, wie sie zum Überleben und zur Aufzucht der Welpen benötigen. Sie sind keine Killer, die alles im Blutrausch töten, was sich bewegt. Ist das Nahrungsangebot nicht so üppig, schlagen Wölfe auch Kleintiere, oder sie begnügen sich mit Pflanzen und Früchten.

Mensch und Wolf hatten ursprünglich einen ähnlichen sozialen Verband. „Beide durchstreiften im Familienverband als räuberische Horde das Land", so sagt David Mech, der große amerikanische Wolfsforscher. Sicher schaute der Mensch auch vom Wolf ab, wie man den konzentrischen Flug des Kolkraben deutete. Wo er seine Kreise zog, verweste mit hoher Wahrscheinlichkeit ein Tierkadaver, oder Wölfe hatten ihn sogar erst vor kurzem geschlagen und der Mensch konnte sich mit dem Faustkeil am Mahl beteiligen. Vom Wolf hat der Mensch gelernt, dass Hirsche und Rehe scharfe Hufe haben und dass der Stoß eines mächtigen Geweihs tödlich sein kann. Er sah die Gefahren von Ferne, ebenso wie die vielen erfolglosen Jagdversuche, und zog seine Lehren daraus. Der Mensch machte sich den Wolf untertan, veränderte und verbesserte seine Jagdmethoden, der Wolf nicht. Die Erfolgsquote vom Wolf liegt bei 4,6 %. Der Mensch übertraf ihn rasch in der Jagdmethode, aber auch in Sinn und Zweck der Jagd. Seit Generationen müssen wir nicht mehr jagen, um zu überleben. Die Trophäenjagd, die sinnlose Befriedigung eines alten Triebs, ist heute in den meisten Kulturen das Jagdziel.

Die Konkurrenz mit dem ehemaligen „Lehrmeister" begann, als der Mensch sein Revier nicht mehr mit Duftnoten wie der Wolf markierte, sondern mit Zäunen, um darin Gräser anzubauen, Tiere zu halten, und immer mehr Kinder großzuziehen. Weil aber der Wolf immer nur das tat, was er schon immer getan hatte, nämlich jagen, auch die mühsam aufgezogenen Schafe, begann der Mensch, ihn zu hassen und zu verfolgen.

Trotz der engen Bindung des Menschen zum Hund, löst dessen wilder Vorfahre beim Menschen Angst, gleichzeitig aber auch nachhaltige Faszination aus. Für viele Naturvölker blieb der Wolf der Inbegriff des Guten, ein Teil der Natur, ein Bruder, ihr Urvater. Für die Bauern des Mittelalters wurde er zum Geschöpf böser Dämonen oder des Teufels, zum blutrünstigen Killer und schließlich zum Mittelpunkt vieler Sagen und Mythen, die bis heute lebendig sind.

Psychologen sprechen davon, dass der Mensch den Wolf nicht nur als Nahrungskonkurrenten jagte, sondern auch als Symbol für seine eigenen, negativen Wünsche und Gefühle. Der Mensch hat für seine eigenen Fehler und Schwächen, für seine eigenen Taten immer nach einem Sündenbock gesucht. Was die Punkte Blutrünstigkeit und Hinterhältig-

26-27 *Es gibt für junge Wölfe stets etwas zu beobachten und zu entdecken.*

28 *Innerhalb des Rudels sind die Wölfe normalerweise freundlich zueinander. Entstehen Uneinigkeiten, äußern sich diese meist nur in einem kurzen Drohen.*

29 *Nur geübte Beobachter und die Wölfe selbst erkennen die Körpersignale, die ähnlich einer Sprache über Stimmung, Rangordnung oder Spannungen zwischen Wölfen Aufschluss geben.*

30 Beim gemeinsamen Streifzug kann es hin und wieder zu Auseinandersetzungen kommen.

31 Die meisten Wölfe leben in Rudeln. Einzelgänger sind meist junge Tiere auf der Suche nach einem eigenen Territorium und Partner. Sie ziehen an den Reviergrenzen anderer Wolfsrudel entlang. Einzelgänger heulen und markieren selten; mit Hilfe ihrer ausgezeichneten Sinne wissen sie schnell, ob der von ihnen betretene Boden bereits das Revier eines anderen Rudels ist. Sie müssen so lange wandern, bis sie ein freies Plätzchen gefunden haben. In einer von Straßen und Wegen durchzogenen Welt ist das sehr schwierig geworden.

Сказка
объ
Иванѣ-царевичѣ,
Жаръ-птицѣ и
о сѣромъ волкѣ.

Въ нѣкоторомъ было царствѣ, въ нѣкоторомъ государствѣ: былъ-жилъ царь Выславъ Андроновичъ. У него было три сына-царевича: первой — Димитрій-царевичъ, другой — Василій-царевичъ, а третій — Иванъ-царевичъ. У того царя былъ садъ такой богатый, что ни въ которомъ государствѣ лучше того не было; въ томъ саду росли разныя дорогія деревья съ плодами и безъ плодовъ, и была у царя одна яблоня любимая, и на той яблони росли яблочки все золотыя. Повадилась къ царю Выславу въ садъ летать жаръ-птица; на ней перья золотыя, а глаза восточному хрусталю подобны. Летала она въ тотъ садъ каждую ночь и садилась на любимую Выслава-царя яблоню, срывала съ нея золотыя яблочки и опять улетала. Царь Выславъ Андроновичъ весьма крушился о той яблонѣ; почему призвалъ къ себѣ трехъ своихъ сыновей и сказалъ имъ: „Дѣти мои любезныя! кто изъ васъ можетъ поймать въ моемъ саду жаръ-птицу? кто изловитъ ее живую, тому еще при жизни моей отдамъ половину царства, а по смерти и все“. Тогда дѣти его, царевичи, возопили единогласно: „Милостивой государь-батюшка, ваше царское величество! мы съ великою радостью будемъ стараться поймать жаръ-птицу живую“.

— 1 —

keit betrifft, wurde hier der Wolf zum Projektionsobjekt auserwählt. Jahrtausende bestanden diese Projektionen gepaart mit der Wut, ständig Weidevieh an ihn zu verlieren, bis der Wolf in den meisten Regionen der Erde ausgerottet war. Das Kopfgeld hatte seine Wirkung getan.

Heute will man dem Wolf wieder eine Chance geben, doch die uralten und tief in uns verwurzelten Projektionen, die uns Menschen oft nicht einmal bewusst sind, verhindern eine objektive Beurteilung des Lebewesens Wolf, seines Nutzens und seiner Überlebensproblematik. Die unerklärlichen Hass- und Angstgefühle des Menschen diesem Tier gegenüber, lassen sich nur schwer ändern und in eine neue Gefühlsrichtung umpolen.

Wolfskrankheiten

Wölfe fressen die Eingeweide ihrer Beutetiere mit. Sie nehmen dadurch Parasiten auf und infizieren sich. So sind sie Zwischenträger, d. h. Wirte, für viele Außen- und Innenparasiten. Dazu zählen Einzeller (Protozoen), Saugwürmer (Trematoda), Fadenwürmer (Nematoda), Bandwürmer (Cestoda), Kratzer (Acanthocephala), Rüdemilben, Läuse, Zecken und Flöhe.

Der Herzwurm befällt das Blutsystem der Wölfe. Der Wurm entlässt winzige Mikrofilarien ins Blut. Moskitos tragen diese von kranken Tieren auf gesunde und infizieren sie. Die Würmer wachsen im Herzen oder in größeren Blutgefäßen heran und schränken so die Blutversorgung und Aktivität des Wolfs ein. Das Tier wird immer schwächer.

Krankheiten, die man bisher nur beim Menschen beobachtet hatte, wie die Lyme-Borreliose, verbreiten sich in letzter Zeit auch unter Wolfspopulationen. Die Lyme-Borreliose wird im mitteleuropäischen Raum durch die Zecke *Ixodes ricinus* („Holzbock"), in den USA durch *Ixodes dammini* verbreitet.

Obwohl die Tollwut bei allen wilden Räubern auftritt, wurden Unfälle mit Menschen, die durch den Biss eines tollwütigen Tieres erkrankten und starben, häufig tollwütigen Wölfen zugeschrieben.

Erkrankungen der Talgdrüsen in der Haut der Afterregion sind bei Wölfen häufig. Es bilden sich gutartige Tumore, die aufbrechen und durch Fliegen infiziert werden. Die Folge ist Tod durch Blutvergiftung. Trotz der vielen Krankheitsgefahren überleben die meisten Wölfe, was für ihr unglaubliches Durchhaltevermögen und ihre Widerstandskraft spricht.

34-35 *Mit entblößten Zähnen und hochgezogenen Lefzen verteidigt dieser Wolf seine Beute.*

Das Rudel

Wer sich nicht anpasst, fliegt raus

Zum Zweck des größeren Jagderfolgs, der besseren Fürsorge und des Schutzes, praktizieren Wölfe die Rangordnung. Dominanz, Unterwürfigkeit, aber auch das Liebkosen gehören zum Alltag. Nur so funktioniert eine Lebensform der Superlative: das Rudel.

Es sind sechs, zwei davon Welpen. Locker und nahezu unbeteiligt traben sie auf eine Gruppe Elche zu. Sie werden entdeckt. Die Elche fliehen nicht, stellen sich mit ihren massigen Geweihen als drohendes Bollwerk auf. Doch davon lässt sich das Wolfsrudel nicht beeindrucken. Die Welpen bleiben zurück, ducken sich im hohen Gras. Ein Wolf, vermutlich der Leitwolf, sprintet etwas vor. Die Elche setzen sich ruckartig in Bewegung, rennen im Pulk weg, gefolgt von den Wölfen. Plötzlich bleibt ein Tier stehen, richtet drohend sein Geweih gegen den Alpha-Rüden, der ihm am nächsten ist. Mit einer blitzschnellen Seitwärtswendung schießt dieser heran und beißt dem Elch in die Flanke, wird aber wieder abgeschüttelt. Der Elch flüchtet in wildem Galopp. Die übrigen Wölfe halten sich zurück, erkennen, der Elch ist stark, spurten kurz noch mit und traben dann aber gelassen zu den Welpen im Gras zurück. Misserfolg? Was die Jagd betrifft, ja, was die Kommunikation und den Familienverband betrifft, nein.

Für jedes Beutetier gibt es eine besondere Jagdtechnik. Wölfe wissen genau, wie sich die verschiedenen Beutetiere zu verteidigen suchen. Darauf ist die Jagdtechnik abgestimmt. Hunde werden an der Kehle gepackt; der Grund weswegen Hütehunde in früheren Zeiten ein mit spitzen Eisennägeln bewehrtes Halsband trugen. Pferde werden von vorne angegriffen, um den Hufschlägen zu entgehen. Eine Kuh wird von hinten in das Euter gebissen. Ein Schwein wird meist zu zweit angegriffen: Ein Wolf beißt sich am Ohr fest, ein anderer geht ihm an die Kehle. Schafe werden auch am Hals gepackt. In der Regel wird im Rudel gejagt. Nur im Verband können große Beutetiere überwältigt werden. Einzeltiere haben nur Jagderfolg bei kleinen Tieren, wie Hasen oder Lämmer.

Das Wolfsrudel ist eine Funktionseinheit. Das Band, das sie zusammenhält, ist die gegenseitige Sympathie und Achtung. Die Grundlage für das Zusammenleben im Rudel ist die Fähigkeit, miteinander Kontakt aufzunehmen, die Kommunikation. Bei den Jagdmanövern von Wölfen erkennt man deren hohe Auffassungsgabe und Intelligenz. Jeder Wolf entscheidet anhand von angeborenen und erlernten Verhaltensmustern selbst, was in bestimmten Jagdsituatio-

36-37 *Wolfsrudel im Schnee*

nen zu tun ist. In Sekundenschnelle schätzt er die Reaktion der Beute ein, kalkuliert die Beschaffenheit des Geländes und die bereits von seinen Jagdgenossen ausgeführten Manöver. Diese Beobachtungen baut er in seine eigene Entscheidung mit ein, die auch die Entscheidung des gesamten Rudels sein kann: eine Jagd entweder erfolgreich zu beenden oder den Entschluss zum Abbruch zu treffen. Der Zweck der Kommunikation beim Wolf ist die Verständigung im Rudel, die Abgrenzung zu anderen Rudeln, aber auch das Finden von neuen Lebenspartnern.

Die Verständigung bei Wölfen hat allerdings, im Gegensatz zu der bei Menschen, einen eingeschränkten Inhalt. Während beim Menschen Zustände oder Situationen in Vergangenheit oder Zukunft, also abstrakte Dinge, im Wesentlichen über die Stimme beschrieben werden können, findet die Kommunikation bei Wölfen nur auf einer Ebene statt. Es kann vom Tier nur ein Ist-Zustand wiedergegeben werden: „Ich mache dies, hier und in dieser Stimmung", aber nicht „warum" oder gar „was könnte die Folge sein".

Wölfe verwenden zur Verständigung ihren Geruchssinn, die Mimik, die Körperhaltung, die Stimme und Berührungen. All diese Äußerungen sind Elemente komplexer Verhaltensweisen. Zum Beispiel sieht die Begrüßung eines ausgewachsenen Tiers durch einen Welpen folgendermaßen aus: Mit eingeknickten Hinterläufen und zwischen die Beine geklemmten Schwanz, der nur an der Spitze hin- und herwedelt, rennt der Welpe auf das erwachsene Tier zu. Der Kopf wird tief gehalten, die Ohren sind nach hinten gelegt. Beim Erreichen des Alttiers versucht der Welpe das Gesicht zu lecken und hochzuspringen. Dabei quietscht er erfreut. Schließlich rollt er sich auf den Rücken und winselt. Der Welpe will mit diesem Verhalten gleichzeitig Freude, Untertänigkeit und Achtung ausdrücken. Diese Gestenfolge erzeugt bei einem Alttier Agressionsbesänftigung und eine Art Pflegeverhalten; das Nähern des Jungtiers ermöglicht dem Alttier ein Identifizieren des Geruchs und damit ein zusätzliches Erkennen und Akzeptieren. Von diesem Moment an hat das Jungtier den Freibrief, mit dem Alttier zu spielen, es in den Schwanz zu beißen, anzuspringen, ohne dass Aggressionen entstehen. Die gleiche Abfolge von Gesten tritt auch auf, wenn sich ein Tier nähert, das nicht zum Rudel gehört. Es bleibt dann den Mitgliedern des Rudels überlassen, die Gesten des neuen Tiers zu akzeptieren oder nicht. In den meisten Fällen begegnen aber die Alpha-Tiere, das Leitweibchen und das Leitmännchen, dem Neuankömmling nach der Geruchsidentifikation, trotz Untertänigkeitsbezeugungen, eher mit Agressionen, denn mögliche Konkurrenten sind im Rudel nicht erwünscht.

Die zwei häufigsten sozialen Kontakte in einem Wolfsrudel sind der Fell- und der Schnauzenkontakt. Sie dienen dem Austausch von Informationen über den Geruchssinn;

38 und 39 unten *Erfolgreiche Mäusejagd*

39 oben *Gemeinsam war die Jagd erfolgreich, nun wird gemeinsam gefressen.*

Berührungen haben Signalfunktion. Der Zusammenhalt des Rudels wird auf diese Weise immer wieder aufs Neue bestätigt. Vor allem zwischen Welpen und ranghöheren Rudelmitgliedern tritt diese Form der Kommunikation auf. Dazu gehört auch das Lecken des Fells, das von der Mutter, aber auch von anderen Rudelmitgliedern, an den Welpen immer wieder zu beobachten ist. Nach Kämpfen oder nach der Jagd werden offene Wunden beleckt, bei Rangkämpfen sogar vom Verursacher der Verletzungen, um die Ruhe im Rudel wiederherzustellen.

Wölfe erkennen sich nur aus nächster Nähe optisch, also am Gesicht. Hat sich ein Wolf längere Zeit vom Rudel entfernt, oder wurde er wegen Ungehorsam vertrieben, muss zusätzlich eine genaue Geruchskontrolle vorgenommen werden. Diese läuft über den allgemeinen Körpergeruch ab, aber auch wie bei Hunden, über das Inspizieren der Anal- und Pecaudaldrüsen, am oberen Schwanzansatz. Der Geruchssinn ist beim Wolf offensichtlich am besten ausgeprägt. Auch wenn nur das Zusammenspiel von Gehör, Gesichtsinn, Tastsinn und Geschmackssinn dem Wolf seine überlebenswichtigen Informationen gibt, so verdankt er seiner feinen Nase viele wichtige Detailinformationen. Mit dem Geruchssinn, der mit einem spezialisierten Nervensystem verbunden ist, kann der Wolf komplexe Funktionen der Hormondrüsen bei allen Säugetieren, bei Artgenossen, aber auch bei Beutetieren wahrnehmen. Hormone, deren Ausschüttung von der Hirnanhangdrüse, Hypophyse, oder den Geschlechtsdrüsen gesteuert werden, können identifiziert werden. So kann der Wolf das männliche Hormon Testosteron vom weiblichen Östrogen anhand der Ausscheidungen unterscheiden. Er erkennt das vom Nebennierenmark produzierte Adrenalin oder das Stresshormon Cortisol. All diese Hormone gelangen in den Schweiß und werden so für einen Fressfeind, einen Partner oder einen Gegner, riechbar. Besonders viele dieser Schweißdrüsen befinden sich beim Wolf an den Pfoten, wo die Ausscheidungen rasch verdunsten und ihre Duftsignale in die Luft abgeben. Zur Identifizierung von Familienangehörigen dient ein genetischer „Geruchsfingerabdruck", der von den Rudelmitgliedern erkannt wird.

Für den Menschen wäre der Eigengeruch des Wolfs, im Gegensatz zu dem des Hunds, nur dann wahrzunehmen, wenn er die Nase direkt an das Fell halten würde. Beutetiere, die ein wesentlich besser ausgeprägtes Geruchsorgan als der Mensch besitzen, können die Witterung des Wolfs über weite Entfernungen aufnehmen. Deshalb versuchen Wölfe, sich immer wieder zu „parfümieren". Sie wälzen

40 *Die Jungen erkennen ihre Mutter am Geruch. Schnauzenkontakt und das Belecken sind wichtige Verhaltensweisen, die auch innerhalb des Rudels die Zusammengehörigkeit beweisen und pflegen.*

41 *Das Alpha-Wolfspaar ist mit den höchsten Privilegien im Rudel ausgestattet. Mit einem streng zu den anderen Rudelmitgliedern abgegrenzten Zusammengehörigkeitssinn sind sie die Leitfiguren im Rudel.*

__42__ Das typische Verhalten eines rangniedrigen Wolfs gegenüber einem ranghöheren Tier. Rangniedrige Wölfe spielen in einem Rudel eine wichtige Rolle, zum Beispiel bei der Aufzucht der Jungen. Ein unerfahrener Beobachter kann beispielsweise nicht unterscheiden, ob es sich um die leibliche Mutter handelt, die das Junge versorgt, oder um ein anderes rangniedrigeres Tier aus dem Rudel.

43 oben *Wenn Futter knapp ist, und das ist bei den Wölfen häufig der Fall, müssen rangniedrige Wölfe mehr Hunger leiden als die Alpha-Tiere. Auch das Betteln hilft dann oft nicht.*

43 unten *Ist es Unterwerfung oder Spiel? Der Beobachter kann nur anhand der vorangegangenen Ereignisse beurteilen, um welche Art der Kommunikation es sich handelt.*

sich in Aas oder anderen stark riechenden Stoffen und können dann nicht von ihren Beutetieren als Wolf bzw. Feind identifiziert werden. Zum Entsetzen ihrer Besitzer pflegen auch viele Hunderassen diese Art der Geruchstäuschung.

Weitere Geruchsinformationen werden mit dem durch Drüsenausscheidungen praktizierten Markierungsverhalten gegeben. Diese Informationsübermittlung, die durch Urin und Kot gemischt mit Drüsenflüssigkeit stattfindet, dient über viele Wochen als Signalgeber. Wichtiger als Kot scheint hier der Urin zu sein. Bei Hunden beobachtet man immer wieder das Spritzharnen, das von geschlechtsreifen Tieren ausgeführt wird. Anschließend laufen die Hunde einige Schritte weiter und kratzen mit den Pfoten den Boden auf. So entsteht neben einem Duftsignal eine zusätzliche optische Markierung. Dieses Verhalten dient als Signal für das andere Geschlecht: „Hier bin ich gegangen, folge meiner Spur und du wirst mich finden". Bei den Wölfen hat das Urinieren nur während der Paarungszeit diese Bedeutung. Jetzt werden von den Wölfen regelrechte „Urinierzeremonien" abgehalten, an denen das Alpha-Paar, aber auch andere ranghohe Wölfe, teilnehmen. Die Tiere urinieren an einem Platz und beschnuppern intensiv den abgesetzten Urin. Der Alpha-Rüde prüft so den Stand der Hitze beim Weibchen. Für die anderen Rudelmitglieder scheint das gemeinsame Urinieren der Bindung im Rudel zu dienen: „Wolves that pee together, stay together" („Wölfe die zusammen pinkeln, bleiben zusammen").

Wölfe stecken mit Harn aber auch das Territorium und Jagdgebiet ab, das mehrere Jahre konstant bleibt. Auch Kot wird dazu verwendet. Er wird immer an auffälligen Stellen, auf einem Stein, an einem Busch oder einem Baumstumpf abgesetzt. Sein Geruch ist in frischem Zustand sehr stark. Da ein Wolfsrudel sein Territorium innerhalb von etwa vier Wochen durchwandert, werden immer wieder die gleichen Stellen, meist durch den Alpha-Rüden, markiert. Sie bleiben Eckpfeiler des Jagd- und Wohngebiets. Rudelmitgliedern, die sich vom Rudel entfernt haben, wird durch die Frische der Markierungen der Aufenthaltsort des Rudels mitgeteilt. Mitglieder anderer Rudel, die an das Revier angrenzen, werden über den Standort ihrer Konkurrenten informiert und können die Region meiden, um keine unnötige Konfrontation hervorzurufen. Der gesamte Umfang der Geruchssignale der Wölfe ist bis heute noch unbekannt.

Verständigung läuft im Wolfsrudel auch über die Stimme und das Ohr ab. Ein Wolf verfügt über sechs Grundlautäußerungen: Winseln, Wuff-, Knurr-, Schrei- und Heullaute sowie Laute, die mit Hilfe anderer Körperteile erzeugt werden. Ein Wolf verständigt sich über kurze Distanzen mit Körper- und Geruchssignalen, über weite Distanzen nur mit Lauten. Jeder Wolf besitzt eine individuelle Stimmlage. In offenem Gelände können sich Wölfe über Entfernungen von bis zu 15 Kilometern verständigen.

Das Winseln ist einer der häufigsten Laute im Wolfsrudel, der bei ausgewachsenen Tieren wie auch Welpen verwendet wird. Es bedeutet: Unruhe, Unzufriedenheit, Angst, leichte Erregung oder sexuelle Bereitschaft, oder eine Aufforderung an andere Wölfe, zum Beispiel aufzustehen.

Das einsilbige Wuffen ist ein Warnlaut: „Achtung hier stimmt etwas nicht!" Es kann sich zu einem Bellen steigern und bedeutet dann große Erregung.

__44__ Ein Wolf tarnt sich, indem er seinen körpereigenen Geruch durch das Wälzen im Schmutz zu verbergen sucht. So kann er von Beutetieren nicht wahrgenommen werden.

__45__ Wölfe werden mit etwa zwei Jahren geschlechtsreif. Das Männchen stellt durch Beriechen den Stand der Hitze beim Weibchen fest. Das Alpha-Männchen folgt seiner Partnerin auf Schritt und Tritt und wartet auf Gelegenheiten zur Kopulation. Das Männchen bespringt das Weibchen und führt den Penis ein. Dann lässt es sich wieder fallen ohne jedoch den Kontakt zu unterbrechen. Dabei schwenkt es den Körper um 180 Grad, sodass sein Gesicht dem Weibchen abgewandt ist. Die beiden Tiere stehen oder liegen dann in engstem Kontaktschluss beieinander. Der Vorgang der Kopulation kann bis zu einer halben Stunde dauern.

Das Knurren ist ein Drohlaut. Bei zunehmendem Drohen werden vom Wolf immer mehr Laute dazugemischt, sodass das Knurren in ein Schreien übergeht. Während das Schreien bei den Welpen Angst bedeutet und Hilfsaktionen der Erwachsenen hervorruft, kann das Schreien der ausgewachsenen Tiere zum Zähneklappern führen, der höchsten Stufe von Verteidigungsbereitschaft.

Das Aufschlagen der Füße beim Überfallgalopp reißt das Rudel zum Angriff mit, und das Knacken von Knochen und das Schmatzen des Rudels nach erfolgreicher Jagd ruft die Welpen zum Fressen.

Der für den Menschen im Zusammenhang mit dem Wolf wohl einprägsamste Laut ist allerdings das Heulen. Über seine Kommunikationsfunktion im Rudel ist viel spekuliert worden. Doch heute weiß man in etwa die Bedeutungen dieses schaurigen Gesangs. Wölfe wollen durch Heulen mit über weite Strecken auseinander gezogenen Rudelmitgliedern kommunizieren, wollen wissen, die anderen sind noch da und ein Signal über den eigenen Standpunkt geben. Auch Gefühle und Stimmungen können in der Art des Heulens ausgedrückt werden: Freude, Trauer, Stolz, Erfolg.

Wölfe schlafen die meiste Zeit am Tag. Sie sind dämmerungs- und nachtaktiv. Wenn sie am Nachmittag Hunger verspüren, kommt Leben in das Rudel. Dann beginnt zur Einstimmung auf den Abend ein gemeinsames Heulkonzert. Die Bindung innerhalb des Rudels wird damit gestärkt. Es heulen alle Wölfe, vom Welpen bis hin zu den Alpha-Tieren. Das Heulen dient aber auch zur Markierung des Reviers, zusätzlich zu den abgesetzten Duftsignalen. Die benachbarten Wolfsrudel werden über die Nähe eines anderen Rudels informiert. Auch die Einzelgänger unter den Wölfen heulen. Sie sind auf der Suche nach einem Weggefährten, einem Gleichgesinnten oder einem Weibchen, um den Bund fürs Leben einzugehen.

Entsprechend ihrer fein abgestimmten akustischen Signale ist auch das Gehör der Wölfe sehr gut ausgeprägt. Menschen, die in über fünf Kilometern Entfernung das Heulen eines Wolfs nachahmen, bekommen von dem angesprochenen Wolf Antwort. Die Ohren der Wölfe nehmen alle Geräusche in der Umgebung wahr. Selbst wenn sie zu schlafen scheinen, folgen die Ohren den auftretenden Geräuschen. Die Tiere wachen sofort auf, wenn sie ein verdächtiges oder verlockendes Geräusch wahrnehmen.

Etwas anders verhält es sich mit der optischen Kommunikation. Wölfe sehen relativ schlecht. Man nimmt an, dass Rudelmitglieder sich ab einer Entfernung von 30 bis 40 Metern nicht mehr über den Gesichtssinn erkennen können. Die Kurzsichtigkeit der Wölfe ist sicher auf das Fehlen der Sehgrube zurückzuführen, die es dem Menschen ermög-

46-47 *Der Wolf zieht seine Beute – in diesem Fall ein Bock – durch einen Fluss.*

48-49 *Einen erhöhten Erregungszustand signalisiert das „Chorgeheul", in das auch die Jungtiere einstimmen. Das Wolfsrudel heult in der Regel nach dem Erwachen, wenn ein Verfolgungsspiel abgehalten werden soll, als Aufforderung daran teilzunehmen, aber auch wenn das Rudel aus irgendeinem Grund in Verwirrung geraten ist, zum Beispiel, wenn sich ein Eindringling im Revier befindet.*

licht, Gegenstände auch in der Ferne scharf zu sehen. Allerdings können Wölfe Bewegungen, wenn auch nur unscharf, in der Ferne wahrnehmen. Im Nahbereich sehen Wölfe jedoch sehr gut, sodass Mimik und Körpersprache von Artgenossen deutlich erkennbar sind.

Bereits Darwin beschäftigte sich mit der Äußerung von Emotionen bei Mensch und Tier. Er stellte in diesem Zusammenhang sein Prinzip der Antithese auf, das besagt, dass sich bei Tier und Mensch bei einer Umkehrung ihrer Gefühle, zum Beispiel von Wut und Agression in Freundlichkeit, auch ihr Ausdrucksverhalten umkehrt. Der Wolf scheint hier allerdings im Gegensatz zu allen übrigen Hundearten eine vorrangige Stellung einzunehmen, was die Interpretierbarkeit seiner Äußerungen durch den Menschen betrifft. Wolf und Mensch scheinen eine ähnliche Körpersprache und Mimik zu besitzen. Wie andere Tiere das Ausdrucksverhalten des Wolfs verstehen, kann nur bis zu einem gewissen Grad beurteilt werden.

In seiner Grundhaltung hat der Wolf einen aufgerichteten Körper, lockere, nicht steif gehaltene Beine, der Schwanz hängt nach unten, das Gesicht ist glatt, die Lippen sind entspannt, die Ohren werden, um Geräusche wahrzunehmen, bewegt. Verändert sich allerdings die Situation und es tritt zum Beispiel ein sozialer Konflikt auf, so werden Körperhaltung und Mimik zum Signal. Nun kann der Wolf seine Körperhaltung modifizieren und hier spielen viele Faktoren eine Rolle, in welche Richtung seine Ausdrucksfolge geht. Ganz wesentlich sind hier sein Alter, sein Geschlecht und vor allem die Rangstellung im Rudel. Dann spielen auch noch Gegner, Art der Situation, Gelände und der eigene Antrieb eine Rolle. Es ist wesentlich, ob es sich um einen Konkurrenzkampf oder ein sexuelles Annähern handelt, das Erlegen von Beute, Angst oder Langeweile.

Angst und Wut sind, nach Konrad Lorenz, was die Gesichtsmimik eines Hunds betrifft, miteinander gepaart. Ein Tier ohne Angst und Wut hält die Ohren aufrecht und das Maul geschlossen. Bei zunehmender Angst werden die Ohren angelegt, bei zunehmender Wut das Maul aufgerissen und schließlich die Zähne gefletscht. Eric Zimen hat hier im Lauf seiner jahrelangen Forschungen am Wolf andere Entdeckungen gemacht, die die Möglichkeit geben, der Intelligenz und der damit verbundenen Leistung, sich an Situationen zwischen Gegnern laufend neu anzupassen, gerechter zu werden. Auch Darwins Theorie der Antithese wird hier zum Teil widerlegt.

Ein Wolf, der als Reaktion auf eine Bedrohung in Wut gerät, legt die Ohren an und fletscht die Zähne. Bei Zunahme der Verteidigungsbereitschaft und Angriffstendenz sträuben sich die Nackenhaare, die Nase wird immer mehr gekräuselt und die Zähne mit weit geöffneten Lippen gefletscht, die Ohren werden aufgestellt. Bekommt der Wolf

50 *Begrüßungsritual*

51 *Dicht aneinander gedrängt stehen diese Wölfe im Schnee.*

52-53 *Aus Spiel kann sich ein ernsthafter Kampf entwickeln.*

Angst, werden die Ohren angelegt, die Augen weit aufgerissen und das Maul geöffnet, die Zähne dabei aber nicht gefletscht. Sieht ein Mensch einem wütenden Wolf ins Gesicht, weiß er sofort, daß Vorsicht geboten ist, während ein angstvoller Wolf vom Menschen als solcher ebenso identifiziert werden kann, so die Mimikbeschreibung von Konrad Lorenz. Aber nicht immer tritt diese Mimik bei Angst oder Wut und Angriffslust auf, stellte dagegen Erik Zimen fest.

Innerhalb eines Rudels kommt es manchmal zu Rangkämpfen. In diesen Fällen wird ohne vorherige Signalgebung angegriffen. Es gibt keine gefletschten Zähne, kein Wutgesicht, keine aufgestellten Nackenhaare, keinen steif nach oben gehaltenen Schwanz, kein Knurren, sondern einen Angriff aus der neutralen Haltung ohne Vorwarnung. Der Gesichtsausdruck und die Ohrenhaltung, die Lorenz als Aggression und Angst beschreibt, tritt beim Wolf immer nur als Reaktion auf ein vorangegangenes Ereignis auf. Meist signalisiert der Wolf damit auch nur Angst, ist erschreckt. Zunehmende Angst scheint die Angriffstendenzen zu hemmen.

Bei Überlegenheit des Gegners kommt es dann zusehends zu Beschwichtigungsgesten, wie den Schwanz zwischen die Beine klemmen, die Beine einknicken, Unterwerfungsgesten, wie auf den Rücken legen und Winseln, und schließlich zur Flucht. Gekoppelt mit diesen Verhaltensweisen ist der jeweils abgewandte Blick vom Gegner, der einen Ausdruck von Unsicherheit und Angst darstellt. Nimmt jedoch bei fehlender Angst die Angriffstendenz zu, so sträuben sich die Rückenhaare, Haltung und Bewegung sind dagegen locker. Die Motivation zum Angriff ist ausschließlich am Verhalten, nicht aber an der Mimik erkennbar, stellte Eric Zimen fest. Je nach Rangunterschied, der von den beteiligten Wölfen sehr schnell erkannt wird, sind die verschiedensten Stufen von Aggression und Dominanz zu sehen.

Nur in wenigen Fällen aggressiver Konfrontation kann es zwischen Wölfen zu Kämpfen kommen. Da Wölfe meist unter extremen Bedingungen leben, könnten Verletzungen den Tod bedeuten. Es scheint also sinnvoll, sich in einem Rangkampf nicht zu verletzen. Dieses Verhalten wurde von den Verhaltensforschern bisher als „Beißhemmung" bezeichnet. Diese Hemmung soll sowohl das Zubeißen beim Transport von Welpen als auch das schwere Verletzen bei Kämpfen zwischen Wölfen verhindern. Auch hier hat Eric Zimen mit seinen Beobachtungen an seiner Wölfin Anfa Licht in das Dunkel der Theorien gebracht. Zimen hat erkannt, dass die Beißhemmung eine individuelle Erfahrungsreaktion der Wölfe ist, dass ein Biss wehtut und man nur dann auch heftig gebissen wird, wenn man selbst fest zugebissen hat. Deshalb unterlassen Wölfe in der Regel das feste Zubeißen, aus Angst selbst schmerzhaft gebissen zu werden. Wenn allerdings ein Kampf mit Bissen stattfindet, so stehen hier eigene Interessen auf dem Spiel, etwa bei einem Machtkampf um eine Vorrang- oder Alpha-Stellung im Rudel, oder bei der Vertreibung rudelfremder Tiere. In diesen Fällen kann es auch zu tödlichen Verletzungen kommen.

Im Leben des Wolfs ist das Spiel ein wesentliches Element. Ein Welpe erlernt spielerisch das Jagen, Verteidigen, Durchsetzen, Unterwerfen und alle Riten und Signale, die im Rudel der Kommunikation dienen. Später werden spielerisch Aggressionen ausgelebt. Rollen, die sich im Rudel bereits festgesetzt haben, werden spielerisch verfestigt oder im Spiel einmal umgekehrt. Das Angreifer-Verteidiger-Spiel ist sehr beliebt und die zum Spiel gehörige Umkehr der Rollen erfolgt innerhalb von Sekunden. Dadurch kommt jedes Rudelmitglied, in die Situation, dominant sein zu dürfen und wird so besänftigt. Ein Rudelmitglied, das spielen möchte, hebt den Schwanz leicht an, die Ohren sind nach vorne gerichtet und mit einer Vorderpfote stupst es in Richtung Schnauze des gewünschten Mitspielers. Dann legt sich das Tier auf den Boden. Sein Mitspieler macht, bei Interesse an der Aufforderung, einen Satz nach vorne und das Spiel kann beginnen. Das Spiel ist bestückt mit Balgereien, ritualisierten Bissen und Knurren oder Verfolgungsjagden. An

54 *Der Gesichtsausdruck des Wolfs ist ein wichtiges Kommunikationsmerkmal für die anderen Rudelmitglieder, aber auch für fremde Wölfe und Menschen. Steif nach vorne gestellte Ohren, ein fester, fixierender Blick und gefletschte Zähne sind Drohgebärden.*

55 oben *Dieser Wolf möchte seine Unterwerfung signalisieren. Seine Lefzen sind hochgezogen, die Zunge wird herausgestreckt oder führt leckende Gesten aus.*

55 unten *Ein dominierender Wolf wird von einem untergeordneten angegriffen. Der Emporkömmling wagt es nicht, seinem Gegner ins Gesicht zu sehen. Dieser scheint den Angriff mit Souveränität und Gelassenheit zu sehen.*

56 *Hierarchien sind überlebenswichtig im Wolfsrudel. Ein ranghöherer Wolf hat hier einem rangniedrigeren gezeigt, wer der stärkere im Rudel ist. Solche Machtdemonstrationen gehören zum Familienleben im Wolfsrudel. Überlegenheitsrituale spielen sich in der Regel unter gleichgeschlechtlichen Tieren ab. Es gibt nur eine Ausnahme: das Alpha-Männchen dominiert das Alpha-Weibchen.*

57 *Erst wenn die ranghohen Tiere im Rudel gefressen haben, lassen sie auch die rangniedrigeren an das Futter. Bei einem derart aggressiven Gesichtsausdruck, wagt kein anderer Wolf zu fressen.*

dem von hohem Kläffen begleiteten Spiel nehmen mit der Zeit mehr und mehr Rudelmitglieder teil und reagieren sich so ab.

Eine weitere Unternehmung des Rudels, aber auch des Einzeltiers, ist das Wandern. Um neue Partner oder Nahrung zu finden, müssen sich die Wölfe auf den Weg machen. Wanderungen werden vom gesamten Rudel, aber auch von Einzeltieren durchgeführt. Wandert ein Rudel, so folgen die Rudelmitglieder normalerweise dem Alpha-Tier. Sie bleiben eng beieinander. Jeder Wolf versucht, seinen Tritt in den des Vormanns zu setzen. So hat ein Wolfsrudel oft nur eine Spur, die einem ungeübten Betrachter vermittelt, dass sie nur von einem Wolf stammt. Wölfe bewegen sich mit dieser Methode zum Beispiel im Schnee kräftesparender vorwärts, und sie haben auch noch den engen Kontakt zum Vordermann. Das Problem aller wandernden Wölfe ist, dass sie die Reviere anderer Wölfe kreuzen müssen oder mit ihnen in Kontakt kommen. Wo es genügend Beute gibt, gelingt es neuen Wölfen, sich in einem bereits eingenommen Territorium niederzulassen und die Grenzen des vorherigen Territoriums zurückzuschieben. Ist aber die Beute knapp, so kommt es vor, dass Wölfe von benachbarten Territorialbesitzern getötet werden. Oft müssen Wölfe mehrere hundert Kilometer zurücklegen, bis sie schließlich ein freies Revier oder einen Partner finden; ein kräfteraubendes und gefährliches Unterfangen. Was die Partnersuche betrifft, so haben die Wölfe der Kulturlandschaften mit ihrer dichten Besiedelung neue Möglichkeiten gefunden. Sie bleiben so lange im Rudel und ordnen sich trotz Geschlechtsreife unter, bis sie eine Gelegenheit zur Paarung finden.

Haben sich ein paarungswilliger Rüde und ein Weibchen gefunden, so wird ein Rudel gegründet. Das beginnt mit der Geburt der ersten Welpen. Zentrum des Rudels ist das Paar, der Alpha-Rüde und das Alpha-Weibchen. Dieses Paar bildet dann mit dem Nachwuchs des ersten und zweiten Wurfs ein Rudel. In Gebieten, in denen die Zahl der Beutetiere groß ist, bestehen die Rudel aus noch größeren Wolfsgruppen; es können bis zu 20 Tiere sein. Das Entstehen einer Rangordnung im Rudel ist ausschlaggebend für seine Funktion. Die wechselseitigen Erfahrungen der Wölfe untereinander drücken sich in Rangbeziehungen aus. Ganz früh entwickeln sich die verschiedenen Rangpositionen innerhalb eines Rudels. Sind die Welpen etwa 11 Wochen alt, so wird bereits festgelegt, wer unter den Gleichaltrigen zukünftig das Sagen hat, wer der Erste am Futter ist und wer das soziale Geschehen beeinflusst. Diese Rang- und Dominanzfestlegung zwischen Tieren beruht auf der Einschätzung der Stärke der anderen in Relation zur eigenen Stärke in einer bestimmten Situation. Sie entspricht also nicht dem wirklichen Kräfteverhältnis und muss auch nicht

58 *Zwei Wolfsrüden beim Kampf*

59 oben *Bereits beim Spiel zeigt sich, wer der Stärkere ist.*

59 unten *Die Wolfsmutter geht sehr behutsam mit den Jungen um.*

60 *Ein rangniedrigerer Wolf zeigt den beiden Alpha-Tieren seine Unterwürfigkeit. Mit diesen Demutsgebärden werden aggressive Verhaltensweisen im Rudel vermieden.*

61 *Ein ungewöhnlicher Ort für eine Kopulation. Im kalten Wasser stehend wird es das Paar sicher keine halbe Stunde aushalten, denn so lange kann die Kopulation bei Wölfen dauern.*

63 *Wölfe in vollem Lauf*

unbedingt durch eine direkte Konfrontation ausgetragen worden sein. Eigentlich könnte man die Dominanz in der Freiheit messen, die ein Tier gegenüber den übrigen hat, was Sexualpartner und Bewegung betrifft. Dieser Freiraum ist aber einer ständigen Überarbeitung unterworfen, die Rangpositionen der Welpen untereinander und der übrigen Rudelmitglieder sind im Fließen, manifestieren sich aber immer für eine gewisse Zeit, sodass eine feste Rangstruktur eine Voraussetzung für ein Funktionieren des Rudel ist.

Auseinandersetzungen, die eine Veränderung der Rangstruktur zum Zweck haben, finden nur zwischen gleichgeschlechtlichen Wölfen statt. Das bedeutet, dass es im Wolfsrudel zwei verschiedene Rangordnungen gibt: eine für die Männchen und eine für die Weibchen. Spätestens wenn es um die hart umkämpften Vorrangpositionen in einem Rudel geht, entwickeln sich die Rangpositionskämpfe aus Streitigkeiten zwischen zwei Wölfen. Diese Kämpfe können das Rudel in zwei Lager spalten. Jede Veränderung in der Rangbeziehung zweier Tiere führt zu einer Häufung aggressiven Verhaltens zwischen nahezu allen Rudelmitgliedern. Allgemein gilt, dass es dem Rudel überlassen ist, nach einem hohen Rangkampf zu entscheiden, ob der Verlierer im Rudel bleiben kann. Wird der Verlierer zum Prügelknaben, muss er gehen und sich ein neues Rudel suchen. Bleibt er in der Nähe des Rudels, können sich die erhitzten Gemüter besänftigen und der Verlierer kann sich in Demutshaltung dem Gewinner nähern, der ihn mit hoher Wahrscheinlichkeit wieder duldet. Aus diesen Gesetzmäßigkeiten der sich ständig verändernden Rangstruktur ergibt sich die aktuelle Rangordnung im Wolfsrudel.

Die wichtigsten Strukturmerkmale in einem Wolfsrudel lassen sich wie folgt zusammenfassen: Wolfsrudel haben zwei ranghöchste Tiere, ein Männchen und ein Weibchen, die so genannten Alpha-Tiere. In der Regel sind das auch die ältesten Tiere. Zwischen den ranghöchsten Tieren und den übrigen Rudelmitgliedern sind große Kompetenzunterschiede vorhanden, zwischen den übrigen nicht. Bei sehr starkem Druck von ranghöheren Tieren vermischen sich die Unterschiede zwischen den rangniedrigeren Tieren, vor allem bei den Weibchen. Innerhalb der anderen Rudelmitglieder gibt es eine soziale Rangordnung im kleinen Kreis. Zwischen erwachsenen Wölfen verschiedenen Geschlechts besteht keine Rangordnung, nur wenn der Altersunterschied groß ist, es kommt jedoch nie zu Rangkämpfen.

Durch die Studien an verschiedenen Rudeln hat sich gezeigt, dass es unter den Alpha-Tieren besonders gute „Führungskräfte" gibt. Es gibt Wölfe, die eine große Attraktivität auf Rudelmitglieder ausüben und sich zusätzlich um soziale Kontakte bemühen. Damit ist belegt, dass es besser und schlechter geführte Rudel gibt, Rudel die länger zusammenbleiben und solche, die einem schnellen Wechsel der Alpha-Tiere unterworfen sind.

Neuere Forschungen unterstützen mehr und mehr die Annahme, dass das Wolfsrudel eher ein Matriarchat darstellt, bei dem die Alpha-Weibchen Männchen um sich scharen die als Erzeuger, Beschützer und Futterbesorger für die Welpen gebraucht werden. Wie auch immer man es sehen mag, ob der Wolf in einem Matriarchat oder Patriarchat lebt, es kommt sehr auf die Persönlichkeitsstruktur eines jeden beteiligten Tiers an, wer die Führung im Rudel übernimmt.

Die Wölfe der Isle Royale

1948/49 besiedelten die Wölfe die Isle Royale im Lake Superior, im Bundesstaat Michigan. Über eine Eisbrücke waren sie vom Festland übergewechselt. Auf der 530 Quadratkilometer großen Insel lebte als einziges großes Beutetier der Elch. 1959 begann man mit einer jährlichen Bestandsaufnahme der Wolf- und der Elchpopulation. Zu diesem Zeitpunkt waren 20 Wölfe und über 600 Elche auf der Insel. Zu Beginn der 60er Jahre wurden überdurchschnittlich viele Zwillingsgeburten (34 %) bei den Elchen verzeichnet. Die Produktivität der Elchpopulation wurde von den Wölfen reguliert und durch die Jagd der Wölfe auf die Elche gesteigert. Während der 60er Jahre blieb der Wolfsbestand stabil (20 bis 25 Tiere), während die Zahl der Elche zunahm (1200 Tiere). Bald begann sich der Nahrungsvorrat der Elche zu erschöpfen und die Geburtenzahl und der Anteil der Zwillinge verringerten sich. Von 1969 bis 1972 waren die Winter sehr streng. Die Wölfe rissen viele Elchkälber. Die Geburtenzahl und die Überlebensrate bei den Elchen sank. Gleichzeitig nahm der Biberbestand auf der Isle Royale zu. Damit war die Nahrung für den Wolf das ganze Jahr über gesichert.
Aus dem bisher einzigen Rudel auf der Insel entwickelten sich vier Rudel. Die Wolfspopulation nahm bis 1980 auf 50 Tiere zu. 1981 starben jedoch 40 % der Wölfe. Wahrscheinlich war Inzucht ein Grund. Die andere Ursache war die ständige Konkurrenz und die damit verursachten Stresssituationen der an Überbevölkerung leidenden Wölfe. Die Natur hat die Bestände von Elch und Wolf damit selbst reguliert.

Der Wolf und das Pferd

Ein matter Wolf voll Nahrungssorgen
Betrat an einem Frühlingsmorgen
Der fetten Anger feuchtes Grün.
Da sah er mit erwünschten Freuden
Ein wohlbefleischtes Füllen weiden,
Das seinem Hunger reizend schien.

Er hatte große Lust zur Beute;
Nur dass er jeden Gegner scheute,
Der stärker war als Lamm und Schaf.
Drum sollt' es ihm durch List gelingen,
Den jungen Streiter zu bezwingen,
Der an Gewalt ihn übertraf.

Er nähert sich dem stolzen Pferde.
Er schwört, dass auf der ganzen Erde
Kein Wurzelmann ihm ähnlich sei.
„Erhabener Houyhnhnm", spricht er weiter;
„Ich kenne Stauden, Pflanzen, Kräuter
Von hier bis in die Tatarei.

Ich kann den Kranken Hilf' erteilen,
Spatt, Kropf, Geschwulst und alles heilen,
Dem andrer Helfer Rat gebricht.
Mir müssen Krampf und Würmer weichen;
Den Koller weiß ich wegzuscheuchen –
Und was versteh ich sonsten nicht!

Jetzt bin ich darum hier erschienen,
Mit meiner Wissenschaft zu dienen,
Wenn Ihnen diese raten kann.
Sie gehn zu frei, zu rasch im Felde;
Dies zeigt, dass ich die Wahrheit melde,
Uns Ärzten nicht viel Gutes an.

Dürft' ich, weil Sie zu sehr sich regen,
Ein Band um Ihre Schenkel legen,
Gewiss, Sie sollten Wunder sehn.
Ich fordre nichts für Kur und Mühe,
Weil ich den Geiz vor allem fliehe;
Die Heilung soll umsonst geschehn."

Das Füllen dankt ihm und versetzet:
„Ich habe mich am Huf verletzet
Und spüre dort die schwerste Pein.
Herr Doktor! Kommt, beseht den Schaden,
Könnt Ihr der Schmerzen mich entladen?"
„Nichts", spricht der Wolf, „wird leichter sein."

Er will auch keine Zeit verlieren
Und stellt, den Anschlag auszuführen,
Sich unverzüglich hinters Pferd.
Das will, aus gleichgeschwinden Pflichten,
Ihm zum Voraus den Lohn entrichten;
Ein Arzt ist seines Lohnes wert.

Der Houyhnhnm sucht ihn klug zu machen,
Schlägt aus, zerquetscht des Wolfes Rachen
Und wiehert ihm die Worte zu:
„Nichts gibt ein größeres Vergnügen,
Als den Betrüger zu betrügen;
Freund! Das beweisen ich und du."

(Friedrich von Hagedorn, 1708–1754)

Das Familienleben

Zum Heulen zärtlich

Es ist wie beim Menschen: Er zieht einsam durch die Gegend, auf der Suche nach ihr; sie sucht auch, ebenso einsam; sie treffen sich, sie mögen sich, sie heiraten und ziehen ihre Kinder groß – und wenn er nicht zu alt oder schwach geworden ist, dann geht das ungefähr fünf Jahre so weiter – letzteres glücklicherweise – nur beim Wolf.

Es ist aber nicht ganz so wie beim Menschen, denn Wölfe streben nur in der Ranzzeit dem anderen Geschlecht zu. Die Begegnung kann zufällig sein oder durch die extremen Sinne des Wolfs gesteuert werden. Der Geruchssinn spielt die ausschlaggebende Rolle. Doch zunächst macht das einsame Heulen beide Geschlechter aufeinander aufmerksam. Wird das Heulen beantwortet, geht man aufeinander zu. Die Distanz kann mehrere Kilometer betragen. Immer wieder bleiben die Suchenden stehen und heulen, um die Richtung zum Partner einhalten zu können. Erst kurz bevor sie sich treffen ist sicher, ob es sich um gleichgeschlechtliche Tiere handelt oder Weibchen und Männchen ihrem Heulen gefolgt sind. Erst wenn sie so nahe sind, dass sie Witterung aufnehmen können und die über den Körper abgegebenen Hormonsignale gerochen werden, wird klar, ob sie für einander bestimmt sind oder nicht. Auch wenn der richtige Partner nicht gefunden wurde, gehen die Wölfe manchmal ein Stück Wegs miteinander, um nicht alleine zu sein, denn der Wolf ist ein zutiefst soziales Tier. Haben sie sich doch gefunden, so gehen die beiden schwanzwedelnd aufeinander zu, wimmern und schnappen ein wenig nach Luft, „lächeln", das Maul steht offen und die Zunge schnellt vor und zurück. Schließlich lecken sich beide die Schnauze. Das Männchen stellt dabei den Stand der Hitze des Weibchens fest. Oft schreitet es sofort zur Tat. Doch in diesem Stadium macht das noch wenig Sinn, denn die Hoden des Männchens werden erst durch die Hormonstimulation des weiblichen Geruchs zur Produktion von Samen angeregt. Erst wenn die Hoden groß genug geworden sind, willigt auch das Weibchen ein, denn es riecht auch von ihrer Seite den noch zu niedrigen oder schließlich ausreichend hohen Hormonspiegel des männlichen Hormons Testosteron. Ob ein Weibchen in voller Hitze ist, wird auch durch die Absonderung von Blut über den Urin angezeigt. Nur wenn die Bedingungen für beide Tiere optimal sind, führt die Begattung zum Erfolg.

64-65 *Mit etwa vier Wochen, stellen sich die Ohren der jungen Wölfe auf. Die Welpen verbringen nun einen Teil ihrer Zeit außerhalb der Wohnhöhle. Mehr als 20 Meter wagen sie sich jedoch nicht vom Eingang weg, sodass sie bei einem unverhofften Geräusch sofort wieder im Schutz des Baus verschwinden können.*

Nach ihrer ersten Begegnung streifen die beiden auf der Suche nach einem eigenen Revier einige Tage oder gar Wochen gemeinsam durch die Gegend. Die Wanderung ist von Spielen und Jagen unterbrochen. Die Wanderrichtung wird immer wieder geändert, denn bereits besetzte Territorien müssen gemieden werden. An den von den Revierbesitzern abgesetzten Kot- und Urinduftmarken ist das Revier zu erkennen.

Da die Paarung der Wölfe in den jeweiligen Verbreitungsgebieten ungefähr zum gleichen Zeitpunkt stattfindet, signalisieren auch die Duftmarken der Reviergrenzen den Stand der Ranz des dort lebenden Alpha-Paars. In der Ranz ist die doppelte Markierung der Reviergrenzen besonders auffällig. Das Alphaweibchen spritzharnt gleich neben dem Männchen. Der Harn des Weibchens hat eine rötliche Färbung, ist also auch noch optisch von dem des Männchens leicht zu unterscheiden. Je jünger das Paar ist, desto öfter werden diese Duftmarken gesetzt. Man nimmt an, dass damit auch das Band zwischen den Partnern enger geknüpft wird.

Zuneigung bekunden sich Wölfe das ganze Jahr über, doch während der Ranz ist sie besonders heftig. Das Paar schläft eng aneinander gedrängt, es leckt sich häufig gegenseitig das Fell und wandert zusammen. Gegenseitig legen sich die Partner die Vorderpfoten auf die Schultern, und sie lassen keine Gelegenheit zu zärtlichen Berührungen aus. Kurz vor der Kopulation zieht sich das Paar, sofern es sich um ein bereits bestehendes Rudel handelt, einige Tage zurück, um jede Störung durch andere Rudelmitglieder zu vermeiden.

Die Paarung findet im nördlichen Verbreitungsgebiet des Wolfs zwischen März und April statt, im Süden früher. Die paarungsbereiten Wölfe sind in der Regel zwei Jahre alt. Die körperliche Verbindung ist bei Wölfen nicht so fest wie bei den Hunden. Während sich Hunde erst nach Beendigung des Begattungsaktes wieder voneinander lösen können, ist das bei Wölfen jederzeit möglich – eine Vorsichtsmaßnahme bei drohender Gefahr. Die Vereinigung kann allerdings bis zu 30 Minuten dauern. Während dieser Zeit ejakuliert das Männchen mehrfach. Man weiß nicht genau, warum es zu einer so lang anhaltenden Kopplung zwischen den Partnern kommt und warum mehrfach Samen abgegeben wird. Vielleicht soll damit sichergestellt werden, dass das Weibchen wirklich nur von einem Männchen begattet wird.

Wenn es sich um ein bereits gegründetes Rudel handelt, dann paaren sich nur die Alpha-Tiere. Alle anderen Tiere, ob Männchen oder Weibchen werden von den Leitwölfen so unter psychischen Stress gesetzt, dass diese es nicht wagen, um die Gunst des anderen Geschlechts zu werben. Man nimmt auch an, dass es durch den Stress zu einer vermehrten Ausschüttung von Adrenalin kommt, wodurch die Empfängnis- und Zeugungsbereitschaft der Tiere unterbunden wird.

Unter rangniedrigeren Wölfen kommt es aber immer wieder vor, dass sie stark nach einer Paarung drängen und die Einschüchterungversuche der Alpha-Tiere erfolglos sind. Diese Tiere verlassen dann das Rudel und streifen in der Nähe umher. Sie bleiben aber weiterhin mit dem Rudel in Ruf- und Riechkontakt. Sollten sie keinen neuen Partner gefunden haben, kehren sie zum Ende der Ranzzeit wieder

66 *Auf der Jagd kommunizieren Wölfe durch kleine Gesten. Sie erkennen schnell, wenn ihr Jagdbegleiter zum Spurt ansetzt oder die Jagd abbrechen möchte.*

67 oben *Wölfe sind nicht wasserscheu. Nicht nur zum Trinken, sondern auch auf der Jagd schrecken sie nicht vor kaltem Wasser zurück.*

67 unten *Das Urinieren ist eines der wichtigsten Abgrenzungsmerkmale eines Wolfsreviers. Besonders in der Ranz werden von den Wölfen, welchen Rangs auch immer, ununterbrochen Urin- und Kotmarken abgesetzt, um jedem möglichen Eindringling sofort den Mut zu nehmen.*

ins Rudel zurück. Ein solch eigenmächtiges und in der Rudelhierarchie verbotenes Verhalten wird von den anderen Rudelmitgliedern nicht widerstandslos toleriert. Der Ausreißer muss sich seinen Rang im Rudel erst wieder erkämpfen. All diese Verhaltensweisen begrenzen die Geburtenzahl und die Größe des Rudels, und so bleibt es im Gleichgewicht mit dem Nahrungsangebot seines Reviers.

Werbung, Paarbildung und Begattungsvorgänge werden also bei den Wölfen durch komplexe, ritualisierte Verhaltensmuster geregelt. Gesteuert wird das ganze durch das Hormonsystem der Tiere. Doch ihr Hormonsystem erzeugt auch Phänomene, die bei anderen Säugetieren unbekannt sind. So können Wölfinnen auch scheinträchtig werden. Ihr Hormonsystem verhält sich dabei so, als ob das Weibchen tatsächlich trächtig wäre. Es kann sogar Milch gebildet werden, und das Weibchen kann fremde Welpen säugen. In Gefangenschaft hat man ein derartiges Ammentum schon häufig beobachtet, in der Natur ist dieses Erscheinungsbild jedoch umstritten.

Hat das Paar noch kein eigenes Territorium, muss es spätestens nach der Begattung gefunden werden. Die Grundvoraussetzungen für eine neue Heimat sind ausreichende Beutetiere, wechselnder Bewuchs mit offenen Landstreifen und Wäldern, die von Flüssen, Seen oder Weihern unterbrochen werden. Ideal ist auch eine leichte Anhöhe, von der aus das Revier überschaubar ist und wo auch der Bau gegraben werden kann. Ist ein Revier gefunden, wird ein Ort für die Geburt und Aufzucht der Welpen vorbereitet. Das kann, falls der Boden zu hart sein sollte, sodass keine Höhle gegraben werden kann, ein Felsvorsprung, eine natürliche Kuhle oder auch nur ein dichtes Gehölz mit Erlen, Weiden oder Weißdorn sein.

Idealerweise wird jedoch eine Höhle verwendet. Der Wurfkessel befindet sich am Ende eines etwa zehn Meter langen unterirdischen Gangs, der vom Weibchen gegraben wird. Es ist eine harte Arbeit, ein unterirdisches Bauwerk mit derartigen Ausmaßen zu erstellen und man fragt sich, warum ein trächtiges Tier diese extremen Mühen auf sich nimmt, wenn auch andere Behausungen für die ersten Lebenswochen der Nachkommen möglich wären. Der Grund ist, dass Wölfe sehr vorsichtig sind. Das Weibchen gräbt so tief ins Erdreich, bis von Außen keine Geräusche mehr eindringen. So werden später auch die Geräusche der Welpen nicht bis zum Höhleneingang vordringen und die zuerst vollkommen hilflosen Nachkommen sind sicher, sicherer als unter freien Himmel.

Der Wurfkessel liegt etwas über dem Niveau des Höhleneingangs, um nicht von Regenwasser überflutet zu werden. Er enthält keinerlei Polstermaterial. Das hat den Vorteil, dass weder Mutter noch Nachkommen von Flöhen und ähnlichen Parasiten befallen werden können. Im nördlichen Verbreitungsgebiet ist allerdings der Floh- und Parasitenbefall

68 Ein rangniedriger Wolf bezeugt seine Unterwürfigkeit gegenüber dem Alpha-Tier.

69 Wolfspaar an einem See

__70__ Eine kleinere Dominanzbezeugung eines ranghöheren Wolfs gegenüber einem anderen Männchen im Rudel. Die weiblichen Tiere stehen beobachtend dahinter.

71 oben *Schon mit wenigen Wochen begleiten die Wolfsjungen ihre Mutter auf Streifzügen. Das scharfe, spitze Milchgebiss erlaubt es den jungen Wölfen schon in diesem Alter Fleisch zu fressen, das von der Mutter hervorgewürgt wird.*

71 unten *Zum Transportieren der Jungen nimmt die Mutter die Welpen ins Maul. Dabei werden sie niemals verletzt, denn die Mutter beißt nur so fest zu, dass sie die Tiere nicht aus dem Maul verliert.*

aufgrund der niedrigen Temperaturen sowieso relativ gering. Zum Schutz vor Krankheiten hält die Wölfin die Höhle frei von Kot, indem sie ihn frisst. Der ammoniakhaltige Urin der Nachkommen dient als Desinfektionsmittel für den Boden.

Wohnhöhlen werden über viele Generationen benutzt und so haben die Mühen, die die Wölfin auf sich nimmt, durchaus einen Sinn. Im Denali Nationalpark, in den USA, ist eine Wurfhöhle nachweislich seit 50 Jahren in Gebrauch. In Kanada entdeckte man eine Höhle, deren Umgebung mit Knochen von Beutetieren übersät war. Bei einer Altersprüfung der Knochen stellte man fest, dass diese Höhle bereits seit 800 Jahren als Wohnhöhle benutzt wurde.

Die kleinen Wölfe werden nach einer Tragzeit von 61 bis 63 Tagen geboren. Nördlich des 45. Breitengrads kommen die Welpen zwischen Ende April und Mitte Mai auf die Welt. Südlich davon werden sie zwischen Mitte März und April geboren. Begleitet wird das freudige Ereignis durch das Gewinsel und Gebell nicht nur des werdenden Vaters, sondern der ganzen Sippschaft. Ein Wurf hat in der Regel fünf bis sieben Welben, die blind und taub sind und nur etwa 500 Gramm wiegen. Die Neugeborenen ähneln mit ihrer kurzen Schnauze, den kurzen Beinen, dünnen Schwänzchen und kleinen Ohren eher einem Bärenbaby als einem Wolf.

Die jungen Welpen sind zuerst vollkommen hilflos. Langsam kriechend, den Bauch über den Boden ziehend, sind sie auf der Suche nach Nahrung und Wärme. Als Signalgeber dient ihnen ihr Kopf. Wenn sie damit etwas Warmes berühren, bewegen sie sich in diese Richtung weiter. Auch ihr Geruchssinn ist schon ausgezeichnet ausgeprägt. So finden sie die Mutter und die Zitzen zum Trinken. Warum die kleinen Wölfe so unterentwickelt geboren werden, gab schon immer Anlass zu Spekulationen. Ronald Lawrence, Wildbiologe aus den USA, glaubt, dass durch das Abschalten aller anderen Sinne und der Konzentration ausschließlich auf den Geruchssinn den Welpen eine tiefere Prägung auf ihren familienspezifischen Duft ermöglicht wird und damit eine festere Familienbindung entsteht. Außerdem können sich Neugeborene ohne Gehör- und Gesichtssinn besser auf die Nahrungssuche konzentrieren und werden nicht durch andere Reize abgelenkt.

Die Wölfin hat acht Zitzen, vier auf jeder Seite des Magens. Damit kann sie problemlos acht Junge ernähren. Ist der Wurf größer, sterben meist einige der Wolfsbabys an Unterernährung. Die stärkeren verdrängen sie. Wenn ein Junges stirbt, trägt es die Mutter aus dem Bau. Sie gräbt ein tiefes Loch, ähnlich dem zur Aufbewahrung von Nahrungsfleisch, legt das Junge in das Loch und verschließt es wieder. Die toten Welpen werden nicht von anderen Wölfen des Rudels gefressen.

72 Im Schutz der Höhle halten die Welpen dicht aneinander gedrängt ein Schläfchen.

73 Geduldige Wolfsmutter – während zwei Welpen saugen, möchte ein Dritter lieber spielen.

__74 oben__ Wolfsjunge werden vier bis fünfmal täglich jeweils bis fünf Minuten gesäugt. Man weiß allerdings, dass Welpen bis zu 18 Stunden ohne Milch auskommen können. Der Wurf wird mit etwa neun Wochen entwöhnt, einzelne Welpen auch schon mit sechs Wochen.

__74 unten__ Normalerweise graben Wölfe ihre Wohn- und Wurfhöhle in weichem Boden. Um Rückendeckung zu haben, befindet sich hinter dem Eingang ein Felsen oder eine Böschung.

__75__ Mit drei bis vier Wochen taucht das Wolfsjunge zum ersten Mal aus der Höhle auf. Bereits in diesem Alter knurrt es seine Geschwister an, wenn sie ihm etwas streitig machen wollen.

76 oben *Welchen Rang dieser kleine Kerl wohl im Rudel einnehmen wird …*

76 unten *Die Welpen werden stets beaufsichtigt, ob von der Mutter oder von einer anderen Wölfin.*

77 Aufgestellte Ohren und wachsame Augen – dieser Jungwolf scheint etwas Interessantes entdeckt zu haben.

78 oben *Junger Timberwolf*

78 unten *Die kleinen Wölfe lernen im Spiel mit Erwachsenen wichtige Verhaltensregeln.*

80 *Unter dem wachsamen Blick eines erwachsenen Tiers streiten Jungwölfe um das Futter.*

80-81 *Junge Grauwölfe, vom Regen durchnässt*

Bereits nach wenigen Tagen verlässt die Mutter zum ersten Mal die Jungen und geht auf Nahrungssuche mit dem Rudel. Werden die Nachkommen ohne anderen Bewacher zurückgelassen, so finden sie durch ihren Geruchsinn und dem Wunsch nach Wärme zueinander. Eng aneinander gedrückt, mit den Köpfen im Knäuel versteckt, liegen sie im Bau und warten auf die Rückkehr der Mutter. So halten sie sich warm und fühlen sich sicher.

Wahrscheinlich erkennen sie die Mutter an der Erschütterung der Erde, denn erst mit etwa 14 Tagen beginnen die Welpen zu hören und können auf plötzliche laute Geräusche reagieren. Zeitgleich öffnen sich die Augen, die in den ersten Wochen blau sind. Jetzt lernen die Welpen auch das Erkennen von Artgenossen. Damit verbunden sind die Fluchtreaktionen, wenn artfremde Lebewesen auftauchen oder unbekannte Situationen eintreten.

Wenn die Welpen etwa 20 Tage alt sind, machen sie einen Entwicklungsschub, der sie innerhalb von wenigen Tagen aus ihrem Säuglingsdasein herausführt. Die Beine werden zusehends länger, die Ohren, die bisher herunterhingen, stellen sich auf, und die kleine Schnauze streckt sich zur Wolfsschnauze. Damit einher geht die Entwicklung ihres Verhaltens und der typischen Wolfseigenschaften. In der vierten Lebenswoche entwickeln sich 60 % aller einem Wolf zur Verfügung stehenden Verhaltensweisen; nach weiteren ein bis zwei Wochen haben sie bereits 80 % erreicht. Es fehlen nur noch die Verhaltensweisen, die mit Sexualität und Welpenaufzucht zu tun haben.

Eine derart rasante Entwicklung vom Baby zum Kleinkind ist in der Natur selten. Mit etwa fünf Wochen beginnt für die kleinen Wölfe schon der Ernst des Lebens. Erst spielerisch versuchen sie ihren Jagdtrieb und die Jagdmethoden der Eltern zu erproben. Mit tapsigen Bewegungen springen sie alles an, was eine Beute sein könnte. Dazu gehören Geschwister, Eltern, haarige Pflanzenteile und Grasbüschel. Die vermeintliche Beute wird geschüttelt, um sie schnellstmöglich ins Jenseits zu befördern.

Von dem Moment an, wo den kleinen Wölfen von der Mutter Fleisch als Nahrung angeboten wird, beginnt der Futterneid. Mit Knurren und Angriffen wird das Futter auch gegenüber den Geschwistern verteidigt. Normalerweise ist die Mutter die ausschließliche Bezugsperson für die Welpen. Geht sie jedoch mit anderen Rudelmitgliedern auf die Jagd, so springt eine Tante oder ein anderes Weibchen aus dem Rudel als Babysitter ein. Wolfsbabysitter sind in der Lage, bei Bedarf sogar Milch zu produzieren und können entweder zeitweilig oder vollkommen die Mutterrolle übernehmen, wenn die Mutter stirbt. Die weiblichen Wölfe sind in die kleinen Welpen vernarrt und reißen sich um die Rolle des Babysitters. Auch die Männchen sind sehr besorgt. Ein Rüde wurde sogar dabei beobachtet, dass er nach dem Tod der Mutter versuchte, die Welpen zu säugen.

Acht Wochen nach der Geburt wiegen die Welpen etwa sieben Kilogramm und sind nicht mehr auf das Säugen als Nahrungsquelle angewiesen. Die Männchen sind um 20 % schwerer als die Weibchen. Das Milchgebiss ist nun voll entwickelt. Die gekrümmten Eckzähne sind spitz wie Nadeln, die Schneidezähne sind scharf, die Backenzähne sind zwar nur halb so groß wie die des Dauergebisses, aber sie sind ebenso zackig und kräftig wie die Dauerzähne, die

82 *Gedränge vor der „Wohnungstür"*

83 *Wenn junge Wölfe hungrig sind, beschaffen sie sich häufig Futter, indem sie einen erwachsenen Wolf verfolgen, ihm ununterbrochen die Schnauze lecken und ihm manchmal sogar die Zunge in den Mund schieben. Je aufdringlicher sie sind, um so wahrscheinlicher ist es, dass der erwachsene Wolf ihnen Futter hervorwürgt.*

mit fünf oder sechs Monaten durchbrechen. Mit diesem Gebiss können sie kleine Knochen aufbrechen oder Fleischstücke abreißen.

Die Eltern müssen jetzt laufend Futter heranbringen. Die kleinen Wölfe warten aufgeregt auf ein Elterntier und betteln beim Betreten der Höhle sofort um Futter. Sie springen an den Eltern hoch und zwicken sie in die Backen. Dieses Verhalten löst bei den Eltern einen Brechreiz aus. Mit weit geöffnetem Maul würgen sie noch unverdautes Fleisch hoch. Die Welpen ziehen die Fleischbrocken aus der Kehle des Elterntiers. Die übrigen Rudelmitglieder tragen die restlichen Beuteteile heran. Beutestücke ohne Knochen werden auch von anderen Rudelmitgliedern verschlungen, um die Mutter oder den Babysitter mit Nahrung zu versorgen. Für die Welpen werden zum Üben Knochen zurückgelassen, an denen sie nagen können.

Ein junges Paar, das ein neues Rudel gründet, hat mit viel mehr Schwierigkeiten zu kämpfen, als ein fest etabliertes Rudel. Je näher die Geburt rückt, um so öfter bleibt das Weibchen im Bau zurück, während das Männchen auf die Jagd geht. Jetzt ist der Jagderfolg allein die Sache des Männchens. Da Wölfe aber Rudeljäger sind, haben sie enorme Schwierigkeiten, größere Beute zu machen. So bleiben nur kleine Tiere, Hasen oder ein kleines Reh. Derartige Beutezüge sind kraftraubend und meist kann sich ein Wolf damit gerade alleine über Wasser halten. Das bedeutet, dass der Rüde in diesen Tagen ununterbrochen auf Jagd ist, denn das Weibchen will auch versorgt sein. Sind die Welpen geboren, muss die Mutter noch eine Zeit mitversorgt werden. Erst wenn die Welpen allmählich auf Fleischnahrung umgestellt werden, kann das Weibchen wieder an den Jagdzügen teilnehmen und die schlimmste Zeit ist überstanden.

Mit etwa acht Wochen verlassen die Welpen den Bau. Der Bau wird häufig im nächsten Jahr wiederbenutzt. Den Ort, an den die Welpen jetzt gebracht werden, nennt man „Welpenhort" oder „Wolfslager". Die Alpha-Tiere haben ihn sehr sorgfältig ausgewählt. Es ist ein wassernaher Platz in mehr oder weniger offenem Gelände, das von Bäumen umgeben und durch Gebüsche unterbrochen ist. Hier lässt sich das Rudel in einer Mulde häuslich nieder. Meist drängen sich die Jungen in einer Ecke der Mulde eng zusammen, um sich gegenseitig warm zu halten. Sie wagen aber mehr und mehr, sich vom Lager zu entfernen und tollen auch in einigen hundert Metern Entfernung umher. Im Gebüsch können die Welpen ungestört ihre späteren Fähigkeiten trainieren, können selbständig auf Mäusejagd gehen. Es wird ihnen aber auch Disziplin beigebracht. Ein widerspenstiger Wolf wird von der Mutter oder dem Kindermädchen am Nackenfell gepackt und geschüttelt. Es reicht normalerweise ein einmaliges Schütteln aus, um dem Welpen das richtige

84 Manchmal bringen Wölfinnen ihre Jungen in flachen Bodenmulden zur Welt. Meist bringen sie aber die Jungen nach einigen Tagen in richtige Höhlen. Bis heute weiß man nicht, warum die Wölfinnen dieses Verhalten zeigen. Die einzige Begründung ist bisher, dass sie noch vor Erreichen der Höhle so starke Wehen haben, dass sie die Geburt nicht länger hinauszögern können.

Benehmen beizubringen. Im Welpenhort wird auch die Rangordnung innerhalb des Nachwuchses festgelegt. Mit zunehmendem Alter werden die Jungen zur erlegten Beute gebracht, und die Beute wird den Wolfsjungen nicht mehr serviert.

Mit welchen intellektuellen Leistungen bereits kleine Wölfe aufwarten können, soll folgende Geschichte zeigen, erlebt vom Wolfsforscher Ronald Lawrence. Er beobachtete zwei etwa drei Monate alte Jungtiere, von denen das eine stolzer Besitzer eines Knochens zum Nagen war. Das andere Jungtier näherte sich und versuchte den Knochen zu ergattern. Der Besitzer legte eine Pfote auf sein Beutestück und gab ein unfreundliches, für sein zartes Alter sehr bedrohliches Knurren von sich. Der Störenfried zog sich zwar kurz zurück, versuchte sein Glück aber nach einigen Minuten wieder – gleiche Reaktion, wieder kein Erfolg. Das ganze wiederholte sich mehrfach, bis der Dieb des ständigen Misserfolgs überdrüssig, das Interesse an diesem Spiel verloren zu haben schien. Der Eindringling zog sich in ein nahes Gebüsch zurück und gab hier eine Vorstellung, als sei die schönste Mäusejagd im Gange. Steifbeinig pirschte er durch das Gestrüpp, sprang mit allen vier Pfoten gleichzeitig in die Höhe, warf sich auf die Vorderpfoten, griff nach der vermeintlichen Maus, tat plötzlich so, als habe er eine Maus erbeutet und kaute auch noch auf ihr herum. Während dieser Vorstellung behielt er den anderen Wolf ununterbrochen im Auge. Dieser war an der Mäusejagd sehr interessiert und konnte es schließlich nicht mehr aushalten. Vielleicht dachte er auch, dass so eine frische Maus doch viel besser schmeckt als der alte Knochen. Er schoss auf den Mäusefänger zu und dieser zog sich scheinbar erschrocken zurück, raste aber im nächsten Augenblick auf den zurückgelassenen Knochen zu, schnappte ihn sich und rannte davon. Ein cleveres Täuschungsmanöver hatte Erfolg gezeigt.

Mit etwa drei Monaten darf der Nachwuchs das Rudel auf der Jagd begleiten. Auch wenn die Jungtiere nur unter Bewachung und als Schlusslicht mitgenommen werden, so sind das doch die entscheidenden Schritte für das Erlernen des Jagdverhaltens im Rudel. Wenn die Welpen sechs Monate alt sind, nehmen sie aktiv an der Jagd teil. Sie haben ihre Milchzähne verloren, haben im Welpenhort die Mäusejagd erlernt, haben durch Spielereien ihre Geschicklichkeit und Muskulatur trainiert und haben sich einen festen Platz im Rudel erkämpft.

Noch über die Zeit des Babyseins hinaus ist die neue Familie oder Großfamilie innig miteinander verbunden und bis zur Geschlechtsreife der Welpen ist das Leben im Rudel von Zärtlichkeiten und liebevollen Spielen begleitet. Erst, wenn die Welpen geschlechtsreif werden, lösen sich die Verbindungen. Das Band zwischen den Eltern bleibt allerdings meist über viele Jahre, manchmal sogar ein Leben lang, bestehen.

86 *Die Welpen ahmen den erwachsenen Wolf nach. Sie beschnüffeln und belecken die Baumrinde.*

87 *Mutter und Welpen genießen das Leben.*

Die Pille für Wölfe

Während man in Europa versucht, Isegrim wieder einzubürgern, oder ihm zumindest neue Chancen für ein Überleben zu geben, gilt der Wolf in Kanada oder Alaska vielerorts als Landplage. Die dortigen Behörden sind der Meinung, dass Wölfe am Rückgang der Karibu- und Elchbestände Schuld sind und deshalb dezimiert werden müssen. Der Beschluss ist bereits gefallen: Im Yukongebiet, in Kanda, sollen 1996/97 4500 Wölfe abgeschossen werden. Der Protest von Biologen, die den Rückgang der Elch- und Karibubestände den Jägern, aber auch anderen Tieren zuschreiben, verhallte bisher. Die Mär vom Triebkiller scheint unter der Forstverwaltung immer noch nachhaltig zu wirken.
Bis sich die Behörden über die Zusammenhänge der Zunahme der Wolfspopulation und des Rückgangs der Elch- und Karibubestände einen Überblick verschafft haben, wird als einziger Kompromiss die Antibabypille gesehen. In Alaska sollen deshalb Köder mit Wolf-Antibabypillen ausgelegt werden, um den Wolfsbestand, der bisher auf 6000 Tiere geschätzt wird, über die nächsten Jahre zu halbieren.

Wieder einmal greift der Mensch in ein Gefüge ein, das durchaus in der Lage, ist sich selbst zu regulieren. Normalerweise folgt auf eine Zeit der Übervölkerung sozialer Stress unter den Wölfen, der auf natürliche Weise verhindert, dass zu viele Tiere geboren werden. Auf eine starke Dezimierung der Elche und Karibus folgt eine Auffrischung der Tierbestände durch das Auftreten von Zwillingsgeburten. Damit steigen die Wildbestände wieder. Sollte die Pille Erfolg zeigen, haben die Elche und Karibus weniger natürliche Feinde und können sich wieder relativ ungestört vermehren. Die Langzeitwirkungen der Pille auf den Wolfsbestand sind bei diesem bisher einzigartigen Experiment unbekannt.

88 Alaska-Tundrawölfe (Canis lupus tundrorum)

Die Bestie

Der Wolf zwischen Mythos und Wahrheit

Die Mär von Isegrim als Kindermörder, Erzfeind des Menschen, der die Macht hat, die Erde zu verschlingen: Alles Lüge? Viele Völker haben ihn verehrt und bewundert, aber gleichzeitig gefürchtet und gehasst und schließlich ab dem Mittelalter mit brutalsten Mitteln bekämpft.

Es ist Heiliger Abend. Ein hungriger Wolf streift durch die verschneite Landschaft. Er trägt einen alten Schlapphut, im Mundwinkel eine Zigarrenkippe, sie ist kalt. An der Nase hängt ein Eiszapfen. Den Kopf hat er tief zwischen seine dürren Schultern gezogen. Ein armer Tropf. Plötzlich hält er inne. Seine Augen werden schmal und leuchten auf. Der Eiszapfen fällt klirrend von der Nase ab. Mit blitzenden Zähnen und gespitzten Ohren blickt er durch das Fenster einer kleinen Hütte: Drei Enten sitzen hier fröhlich schnatternd um einen Weihnachtsbaum. Mit Geheul stößt er die Tür auf. Nach einer Schrecksekunde seitens der Enten fliegt ihm eine Sahnetorte ins Gesicht ... Der Zeichentrickfilm des 20. Jahrhunderts hat erst angefangen und man weiß schon, was bei der Geschichte herauskommen wird: Der Wolf als uralter Dämon, heute schon etwas verblasst und ins Lächerliche gezogen, aber durchaus medienwirksam und auf den ersten Blick schaurig.

Jeder von uns kennt Geschichten über den Wolf, im Wesentlichen nur schlechte. Gute kennt man nur aus längst vergangenen Zeiten, aus Eskimo- oder Indianersagen oder dem alten Ägypten.

Bei den Eskimos und Indianern Nordamerikas wurde der Wolf verehrt, obwohl der Mensch die gleichen Beutetiere wie er jagte; man konnte Wolf und Mensch sogar als Konkurrenten bezeichnen. Doch die Jagd des Menschen verringerte die Beute des Wolfs nicht. Es war genug für beide da. So nannten die Prärieindianer den Wolf Bruder. Ab und an jagten sie ihn auch. Sie brauchten das Wolfsfell als Tarnung. Büffel, wichtige Beutetiere, ließen sich leichter jagen, wenn die Indianer sich als Wölfe verkleideten. Von Wölfen hatten Büffel in der Regel nichts zu befürchten. Sie ließen diese nahe herankommen, so nahe, dass ein Mensch im Wolfspelz sie mit Pfeil und Bogen erlegen konnte.

Ihre Verehrung für den Wolf zeigten die Indianer der Westküste Kanadas, indem sie ihn auf Totempfählen verewigten. Auf dem berühmten Totempfahl von Wakias in British Columbia sind oben der Adler als König der Lüfte,

90-91 *Ein heulender Wolf hat schon immer die Menschen zu den skurrilsten Äußerungen und Vermutungen veranlasst. Auch heute noch wird trotz Aufklärung und Schutz der Wölfe das Heulen als angsteinflößend angesehen.*

darunter der Wal als Herr des Meeres und schließlich der Wolf als Herrscher des Landes abgebildet.

Nach einer Legende der Indianer, die am Columbia lebten, gab es eine Zeit, als die Menschen Tiere waren. Da gab es die Biber-Menschen, die Reh-Menschen, die Vogel-Menschen und viele mehr, und es gab die Monster. Die Tier-Menschen waren selbstsüchtig und unwissend. Sie wurden von den Monstern bedroht. Die Erde sandte deshalb den Wolf, der die Tier-Menschen lehrte, gerecht und weise zu leben. Der Wolf tötete die Monster und schuf aus ihren Körperteilen den Menschen. Aus den Beinen wurden Mitglieder des Klickitat-Stammes, die besonders schnell laufen können. Aus den Armen wurden die Cayase-Indianer, die besonders gut schießen können. Aus dem Rumpf wurden die Indianer, die am Fluss lebten, und so wurden aus allen Körperteilen vom Wolf Stämme mit besonderen Eigenschaften gemacht. Doch den Indianern der Südküste vergaß der Wolf in der Eile einen Mund zu geben. Er holte das mit einem Messer nach und so sagt man, dass der Mund der Indianer, die an der Südküste leben, deshalb sehr hässlich sei.

Der Wolf als Schöpfer, etwas schlampig und vergesslich, aber gut und weise. Diese dem Wolf gegenüber positive Einstellung war für viele Gesellschaften auf der Stufe der Jäger und Sammler, aber auch der ersten Ackerbauern typisch. Erst die ausgedehnte Haltung von Haustieren veränderte das Bild des Wolfs auch in diesen Kulturen.

In anderen Kulturkreisen nahm der Wolf schon früh eine Doppelrolle ein, verehrungswürdig, aber auch als Symbol für das Unerklärliche, Böse, Angsteinflößende, wie zum Beispiel die Nacht. Erstaunlich ist, dass diese Ambivalenz sowohl in der Mythologie des Westens als auch in der des Ostens zu finden ist. In Indien galt der Wolf eine Zeit lang sogar als heiliges Tier und durfte weder getötet noch beleidigt werden. Im indischen „Mahabharata“, einem Hindu-Epos, heißt einer der Helden Vridokara, was so viel bedeutet wie „Bauch des Wolfs“. Der Wolf ist hier das Sinnbild für Ehre, Tapferkeit und siegreiches Heldentum. Im „Rigveda“, dem ersten der heiligen Bücher der Hindus, bittet dagegen ein Frommer die Nacht, sie möge den Wolf vertreiben. Vom Sonnengott Pushan erfleht er, den feigen Räuber Wolf von den Wegen des Menschen fern zu halten. In einer anderen Passage befreien Gläubige am Morgen eine Wachtel aus dem Maul des Wolfs Vrika – die Befreiung der Sonne aus der Höhle der Finsternis. Damit wird die Angst des Menschen vor den Gefahren der Nacht verdeutlicht, und es soll gezeigt werden, welche Erleichterung der Tag bringt, an dem alles sichtbar und erklärbar wird.

Auch in den nordeuropäischen Ländern, in der altgermanischen Mythologie, wie der „Edda“, ist der Wolf ein zwiespältiges Wesen. Odin, auch „Wotan“ genannt, Göttervater und Kriegsgott zugleich, wurde manchmal mit einem Wolfskopf abgebildet und trat stets in Begleitung der beiden Wölfe Gere und Freke auf. Die Wölfe machten sich bei dem Festmahl, das täglich zu Ehren der im Kampf Gefallenen abgehalten wurde, über die Reste her. Wolf bedeutet hier Tapferkeit und Ruhm. Doch mit dem bösen Fenriswolf kam für Odin und die ganze Welt der Untergang. Der böse Wolf siegte gegen das Gute, die Tapferkeit.

Einmal ist der Wolf der Weltverschlinger, dann wieder der Gründer neuer Städte oder Kulturen. Rom verdankt der

92 Weiße Wölfe im Kampf mit einem Büffel (Original: Holzstich von Eduard Vermorcken)

93 oben *Er hat sich mit seiner mehlverschmierten Pfote eingeschlichen und ist eben dabei, die sieben Geißlein zu verschlingen. Die naiven Ziegen sind dem hinterlistigen Wolf auf den Leim gegangen. Welchen Bevölkerungsstand der Wolf und welchen die sieben Geißlein symbolisieren, ist sehr vielfältig ausgelegt worden und wurde von Region zu Region unterschiedlich betrachtet.*

93 unten und 94 oben *Auch wenn diese Wölfe über ihrer Beute sehr aggressiv erscheinen, so nehmen sie diese Mimik nur an, um die anderen von einem Überfall auf ihre Beute abzuhalten.*

94 unten *Ein Wolf raubt ein dreijähriges Kind unter den Augen der Mutter (Aus: „Le Petit Journal", Supplement illustre, 25. Jg, Paris, 25. Januar 1914)*

Sage nach dem Mutterinstinkt einer Wölfin seine Gründung. Um 770 v. Chr. wurde Numitor, Diktator von Alba longa, von seinem Bruder Amulius abgesetzt. Numitor hatte nur eine Tochter, Rhea Silvia, die als Vestalin Keuschheit gelobt hatte. So konnte Amulius sicher sein, dass ihm keine Nachkommen den Thron streitig machen würden. Doch der Kriegsgott Mars schwängerte Rhea Silvia, welche die Zwillinge Romulus und Remus zur Welt brachte. Der Tyrann Amulius ließ die beiden Kinder in einer Holzkiste auf dem Tiber aussetzen. In der Nähe des Palatin wurden sie angeschwemmt und von einer Wölfin gerettet, die sie säugte und großzog. Die Jünglinge Romulus und Remus gründeten schließlich an der Stelle, an der sie von der Wölfin gerettet worden waren, die Stadt Rom. Auch wenn die Geschichte schließlich mit einem Brudermord endet, denn Neid und Zwietracht über die Besitztümer haben die Brüder entzweit, so findet man heute noch die Wölfin als Wahrzeichen Roms. Als Zeichen ihrer Verbundenheit mit der Stadt feierten die Bürger Roms am 15. Februar alljährlich das Lupercalienfest. Ein Bock, eine Ziege und ein Hund waren die Opfergaben, die in der Grotte von Lupercal bei Rom – sie hat ihren Namen vom Erscheinen eines hungrigen Wolfs – geopfert wurden. Mit diesen Opfergaben wollte man den Reichtum der Stadt sichern, denn Bock und Ziege sind Zeichen der Fruchtbarkeit.

Noch vor der Gründung Roms hatte der Wolf bei einem anderen Brauchtum eine wichtige Stellung eingenommen. Auf dem Berg Saractus wurde der Wolf, „Hirpi" genannt, bei den Sabinern verehrt. Bestimmte Menschen dieser Volksgruppe konnten über glühende Kohlen gehen, ohne sich zu verletzen. Ein Orakel hatte ihnen auferlegt, so zu sein wie die Wölfe, die über die nächtlichen Feuersäume der Hirten hinwegsetzten, um an Beute zu kommen. Der Kult sollte Gefahren von Land und Leuten abwenden.

Auch führende Geschlechter der Turk- und Tatarenvölker leiteten ihre Herkunft von mythologischen Wölfen ab. Der Mongolenfürst Dschingis Khan war stolz auf seine Abstammung vom Wolf Bört-a-Tchao, der vom Himmel herabgestiegen war, um eine Rehprinzessin zu heiraten. Auch hier setzte sich der Brauch, den Wolf zu verehren, später fort.

Im alten Ägypten galt der Wolf, und auch dessen Nachfahre der Hund, als Wächter der Grabstätten und des Totenreichs. Die ägyptische Stadt Assiut, griechisch „Lykonpolis" genannt, heißt übersetzt „Stadt der Wölfe". Sie war ausschließlich dem Wolfskult geweiht. Hier herrschte Upuaut, der „Öffner der Wege", der Wolfsgott. Er schützte das Land vor Feinden und führte die eigenen Krieger sicher ins Fein-

96 *Romulus und Remus, so erzählt die Sage, wurden von einer Wölfin großgezogen. Der Wolf als Ernährer und Gründer von Herrscherdynastien stand in der Mythologie lange Zeit im Mittelpunkt. Doch auch schon in dieser Zeit hatten die Menschen ein zwiespältiges Verhältnis zum Wolf: Man verehrte ihn einerseits und fürchtete ihn andererseits. Das ist bis heute so geblieben.*

97 *Geheimnisvoll und furchteinflößend – ein schwarzer Timberwolf*

desland. Sowohl bei den Ägyptern als auch bei den Germanen verkörperte die Verbindung von Kampf und Tod mit dem Wolf eine besondere Auszeichnung. Es galt, den ruhmvollen Tod des Kriegers oder Herrschers zu preisen und nicht ein wehrloses Opfer darzustellen. Anders war die Stimmung dem Wolf gegenüber weiter östlich in Palästina, wo Wölfe bis heute überlebt haben.

Im Alten Testament wurde der Wolf erstmals und ausschließlich als Sinnbild für das Böse angesehen, als leibhaftiger Satan, der dem guten Hirten, dem Diener Gottes, gegenübergestellt war. In Ezechiel 22,27 heißt es: „... die Fürsten von Jerusalem gleichen den räuberischen Wölfen, denn sie vergießen Blut und stürzen Menschen ins Verderben des niedrigen Gewinns wegen". Im Neuen Testament steht in Matthäus 7,15: „... hütet euch vor falschen Propheten, die zu euch in Schafkleidern kommen, innen aber sind sie räuberische Wölfe ..." und in Lukas 10,3: „... siehe ich sende euch wie Schafe mitten unter die Wölfe". Der Wolf als Sinnbild für Irrlehre und Gefahr für Mensch und Christentum ist im Neuen Testament unzählige Male zu finden. Dieses negative Bild hat sicher dazu beigetragen, dass der Wolf und später auch angebliche Wolfs-Menschen, die Werwölfe, durch die katholische Kirche stigmatisiert und unerbittlich verfolgt wurden.

Im Griechenland der Antike wiederum war dieses Wolfsbild unbekannt, zumindest in der herrschenden Klasse. Hier galt der Wolf als Beschützer der Menschen. In Argos verehrte man ihn als Bezwinger des Stiers, der kam, um das Land zu verwüsten. Pausanias berichtet von einem Dieb, der das Heiligtum des Apollo in Delphi ausgeraubt hatte und als Strafe von einem Wolf zerrissen wurde. Den gestohlenen Schatz brachte man wieder in den Tempel zurück und errichtete dem Wolf ein Denkmal aus Bronze. Auch Aphrodite, die Göttin der Liebe wurde bei den Griechen oft in Begleitung eines Wolfs gezeigt. Der Wolf spielte allerdings hier nicht die gleiche Rolle wie bei den Naturvölkern, denn die Griechen suchten nach rationalen und wissenschaftlichen Erklärungen für alle Phänomene auf der Erde. Aberglaube und Mystik rücken in den Hintergrund. Was die Landbevölkerung betraf, so war der Wolf einer von vielen Störfaktoren, der ihre Schafe dezimierte. Plinius der Ältere berichtete in seinen Schriften über Konflikte zwischen Tier und Mensch, besonders mit dem Wolf. Der Hauptgrund dafür, dass der Wolf toleriert wurde, könnte darin zu sehen sein, dass er noch genügend Rückzugsgebiete und Freiraum besaß und sich deshalb nicht so sehr dem Menschen näherte.

Existenzbedrohende Auseinandersetzungen mit dem Menschen standen dem Stellvertreter des Satans auf der Erde, dem Fruchtbarkeitssymbol, dem Wächter von Heiligtümern, dem Städtegründer, dem wütenden Krieger, dem Weltverschlinger, dem Stammvater von Herrscherdynastien noch aus. Diese entwickelten sich erst im Mittelalter. Weshalb kam es zu einem derart grausamen und unerbittlichen Feldzug gegen eine Art, die bis zu diesem Zeitpunkt zwar immer wieder Sinnbild des Bösen gewesen war, aber den Menschen nicht behelligt hatte und ihre Existenberechtigung auf der Erde – naturgemäß – besaß? Der Hauptgrund mag sein, dass mit zunehmender Bevölkerungsdichte immer mehr Wald für Dörfer und Städte und auch für die

98 *Wolfsjagd mit Netzen (Aus dem: „Livre de la chasse" von Gaston Phebus de Foys)*

99 *Eine Troika wird von Wölfen verfolgt. Die Menschen in dem Pferdegespann versuchen sich der Übermacht zu erwehren. Doch die Angst in ihren Gesichtern spiegelt die Ausweglosigkeit der Situation wieder. Hungrigen Wölfen hat man in dieser Zeit alle Greueltaten, die man sich nur vorstellen konnte, zugeschrieben.*

Viehhaltung und das Anlegen von Weiden und Äckern gerodet wurde. Damit schrumpften sowohl die Territorien der Wölfe, als auch die ihrer Beutetiere, der Hirsche, Rehe und anderer Damwildarten. Die Wölfe vergriffen sich an Haustieren. Außerdem tat sich das Wild mehr und mehr an den vom Menschen kultivierten Gräsern gütlich. Der Mensch jagte das Wild als Dieb von Kulturpflanzen und als Fleischlieferant. Das Wild wanderte auf der Flucht vor dem Menschen allmählich in das unwegsame Gebirge ab und entzog sich damit auch erst einmal dem Wolf. Später wurde das Wild in den Bannwäldern der Adeligen sogar gehegt und gepflegt, denn die Jagd zum Zweck der Nahrungsbeschaffung wich der Adelsjagd zum Zweck der Freude und Befriedigung des menschlichen Jagdtriebs. Doch der Wolf entdeckte die Refugien seiner Beute und zog in die Bannwälder um. Damit stand der ungehinderten Vermehrung des Wilds in den Bannwäldern nur der Wolf entgegen, der von den mit Schusswaffen ausgerüsteten Adeligen erbittert verfolgt wurde. Das veranlasste den Räuber, sich nahezu vollkommen in die bäuerlichen Regionen zurückzuziehen. Hier bedrohte er die in Existenzangst lebenden Bauern nicht nur, indem er ihnen die Haustiere raubte, sondern er griff in Hungerszeiten sicherlich auch Menschen, vor allem Kinder, an.

Der Hass des Menschen dem Wolf gegenüber steigerte sich allmählich ins Unermessliche. Er wurde zum Teufel hochstilisiert, dessen einziges Lebensziel es war, den Menschen zu quälen und ihm zu schaden. Kriege und Räuber

hatten kein schlimmeres Omen als der Wolf. Der entscheidende Ausrottungsfeldzug gegen den Wolf wurde von Kaiser Karl dem Großen im 8. Jahrhundert in die Wege geleitet. Er befahl, dass jede Grafschaft zwei Jäger, die man „luparii" und später „Louvertiers" nannte, beschäftigen müsse, um die Wölfe auszurotten. Im Mai, wenn die Jungwölfe die Höhlen verließen, mussten diese von den Louvertiers aufgespürt und „... mit Gift, Fangeisen, Hunden und Wolfsfallen ..." erlegt werden. Für die Wolfshatz wurden sogar spezielle Hunderassen gezüchtet, wie der Wolfshund, und neue Jagd- und Tötungsmethoden erfunden, die äußerst brutal waren.

Die Louvertiers waren Männer mit besonderen Privilegien. Sie waren vom Waffendienst in der Armee befreit, hatten das Recht auf kostenlose Übernachtung und Bewirtung sowie auf die Zuteilung eines bestimmten Maßes Getreide aus den Abgaben, die dem Kaiser zustanden. Da die armen Bauern den Louvertiers bei der Wolfsjagd helfen, sie bewirten und hofieren mussten und manche sogar von den Bauern eine Endlohnung für ihre Dienste verlangten, kam es mit der Zeit zum offenen Widerstand gegen diese Gilde. Erst unter Karl VI. im 14. Jahrhundert wurde die Wolfsjagd neu geregelt und es trat allmählich eine Entschärfung der Situation auf.

Im Mittelalter entstanden auch zahllose Geschichten, Märchen, Fabeln, Beschwörungen und Riten über den Wolf und zum Schutz vor dem Wolf. Zaubersprüche, wie der folgende aus dem 13. Jahrhundert aus einem Buch des Papstes Honorius III., den man an der Seite einer Weide, an der die Sonne aufgeht, fünf Mal sprechen musste, boten angeblich Schutz vor der Bestie: „... geh dahin, du graues Tier mit grauen Klauen; ... du sollst nicht kommen zu diesem Fleisch ... Vade retro Satanas."

Nach dem Winterlager musste die Herde erst gesegnet werden, bevor sie auf die Weide kam. Die Wölfe wurden zur Harmlosigkeit verhext, indem ein Zauberer ein nur ihm bekanntes Gebet sprach. Hirten nahmen zum Schutz gegen den Wolf geweihte Holzstäbchen mit, die man zum Verjagen der Bestie aneinander schlagen musste. Schwirrhölzchen, spezielle Brettchen mit einer Schnur, die einen Höllenlärm bei Bewegung machten, sollten den gleichen Effekt haben. Wolfslampen, denn man glaubte, Licht vertreibe den Wolf, und Musikinstrumente, denn der Wolf hasste angeblich Musik, wurden gegen ihn eingesetzt. Von diesen Riten hielten sich zahllose bis in das 19. Jahrhundert. Jeder kannte den Wolf, doch keiner wusste wirklich etwas von ihm.

102 *Fuchs und Wolf waren die Hauptdarsteller in den Sagen des Mittelalters. Der Fuchs trat immer als Gegenspieler des etwas dümmlich dargestellten Wolfs auf. In diesem Fall, dem Epos „Reineke Fuchs" von Goethe, tritt der Wolf als Dummkopf auf, der einen Knochen verschluckt hat und laut winselnd bei den Störchen um Hilfe bittet.*

104 *Gemeinsam wird gejagt ...*

105 *... aber beim Fressen ist man nicht immer so großzügig.*

Bis zu diesem Zeitpunkt waren die Wolfspopulationen in vielen Regionen Europas bereits stark zurückgegangen. Die verschiedensten Bilder wurden vom Wolf gezeichnet, von denen wir heute wissen, dass sie eher etwas über das Leben von damals, die Menschen und ihre Ängste und Sorgen, über das Machtstreben der Adeligen oder die Unterdrückung der Bauern, Frauen und Kinder aussagten, als über den Wolf selbst.

In den Fabeln dieser Zeit spielen Wolf und Fuchs eine wesentliche Rolle. Der Wolf wird hier als Gegenspieler von Bauern, Holzfällern oder Köhlern dargestellt. Das Bild, das der Wolf widerspiegelt, ist nicht unbedingt grausam, aber auch nicht besonders positiv. Häufig wird er als Dummkopf, Angsthase und Tölpel beschrieben, der auf jede List hereinfällt. Der Fuchs, der sich mit ihm meist die Hauptrolle teilte, wurde in den Fabeln dagegen als schlau und listenreich dargestellt. Heute nimmt man an, dass der Wolf Sinnbild für die „dümmliche", arrogante Oberschicht war, der Fuchs hingegen die schlaue aber geknechtete Mittel- und Unterschicht symbolisieren sollte. Das negative Bild, das der Mensch vom Wolf schuf, war wohl auch die Rache der Bauern für die Angst, die ihnen der Viehdieb einflößte.

Im Märchen stehen Mensch und Wolf in einer anderen Beziehung zueinander als in der Fabel. Hier stammen Wolf, Fuchs und alle anderen Gestalten aus einer unwirklichen Welt. Realitätsbezug hatten sie nur insofern, als sie moralische Vorstellungen, negative und positive Eigenschaften und Wünsche der einzelnen Volksschichten verarbeiteten. Märchen wurden ursprünglich nur durch mündliche Überlieferungen weitergegeben. So entstand eine unerschöpfliche Vielzahl von Varianten, die eng mit der jeweiligen lokalen Kultur und Lebenssituation verbunden waren. Das im deutschen Sprachraum wohl bekannteste Wolfsmärchen, „Rotkäppchen", hat eine lange Vorgeschichte, die schließlich im 17. Jahrhundert von Charles Perrault zu Papier gebracht wurde – mit negativem Ende. Die Moral aus dieser Fassung war: Frau (Großmutter, Enkelin), traue keinem Mann (Wolf) und Mann, lass dich nicht von jungen Dingern (Rotkäppchen) verführen, und alte Frau, nimm dich vor dem Neid der Enkelinnen in Acht. Den Brüdern Grimm wurde das Märchen vom „Rotkäppchen" 1812 von einer Bürgerstochter erzählt, und sie schrieben es mit einem anderen, einem guten Ende, nieder: Nachdem der Wolf die Großmutter und das Rotkäppchen gefressen hat, wird er müde und schläft ein. Der Jäger, der sich über das laute Schnarchen der Großmutter wundert, findet den Wolf, schneidet ihm den Bauch auf und befreit die beiden Opfer. Hier ist nichts mehr von den moralischen Leitsätzen, die dieses Märchen im Mittelalter übermitteln sollte, übrig geblieben.

Nicht nur in Fabeln und Märchen, sondern auch in der Realität, tauchte die Geschichte aus der „Edda" vom Fenriswolf, der zahllose Menschen verschlang, ehe ihn die Götter wieder in Ketten legen konnten, im Mittelalter wieder in der Gestalt des Werwolfs auf. Werwölfe, Menschen, die halb Wolf, halb Mensch waren, gab es nicht nur in der Mythologie, sondern auch in der Realität. In der Antike gab es Männergeheimbünde, die sich in Wolfsfellen versteckt als Wolfsgötter verehren ließen und auch vor Menschenopfern nicht zurückschreckten. Um in den Bund der Wolfsgötter aufgenommen zu werden, musste der Kandidat Eingeweide

Der Wolf und der Hund

Zum Hunde, der schon manche Nacht
An seiner Kette zugebracht,
Und, wenn der Morgenstern am grauen Himmel hing,
Aufs Gay mit seinem Metzger ging,
Sprach einstens Isegrim: „Ei, Bruder, wie so mager!
Wie elend siehst du aus! Wie schäbicht und wie hager!
Dau'rst mich, bist gar ein armer Hund.
Sieh mich mal an, wie frisch und wie gesund
Ich bin! – Ich rieche nach der Luft,
Mein Balg ist parfümiert mit mancher Staude Duft!
Ich hab' dir immer guten Fraß,
Bald frisches Fleisch, bald fettes Aas.
Drauf leck' ich klaren Quell, und traun!
Ich hab' dir immer gute Laun'.
Du aber –" „Ach", versetzte Melack, „ach,
Herr Bruder, nur gemach.
Drum bist du Wolf, ich Hund! Du frei,
Ich aber in der Sklaverei."

Und die Moral? O die ist jedermann bekannt
In Deutschland und in Engelland.

(Christian Schubart, 1739–1791)

106-107 und 108 *Wenn die Wölfe lautlos durch den Wald laufen und noch dazu ein schwarzes Fell besitzen, sehen sie wirklich furchterregend aus. Oder ist das nur der Ruf, der die scheuen Jäger seit Jahrtausenden verfolgt, hinterhältige Bestien zu sein?*

109 *Bei Tag betrachtet und auf eine gewisse Entfernung, ist es schwierig, einen Wolf von einem Hund zu unterscheiden.*

__110__ Hier steht der gefräßige Wolf, der einst Rotkäppchens Großmutter verspeiste, leibhaftig im Wald.
Der Wolfsforscher Adolph Murie hatte viele Begegnungen mit den Wölfen Alaskas. Er wurde jedoch nie angegriffen. Sogar als er eine Wolfsfamilie provozierte, geschah ihm nichts. Er ging einfach zum Bau einer Wölfin und entwendete eines ihrer Jungen, steckte es in den Rucksack und ging weg. Nur ein Knurren bekundete das Missfallen an seinem Tun. Kein Angriff, kein Beißen.

__111__ Rotkäppchen scheint auf diesem, von Albert Henry Payne (1812–1902) kolorierten, Stahlstich nicht besonders viel Angst vor dem bösen Wolf zu haben.

essen, ein Jahr lang unsichtbar in den Bergen leben und dort nur von Mord und Totschlag leben. Auch die alten Germanen pflegten solche Praktiken und Bündnisse zum Zeichen von Tapferkeit und Brutalität. Doch niemals haben diese Bräuche solche Ausmaße erreicht wie im Falle der Werwölfe des Mittelalters. In blutigen Zeremonien wurden Männer oder auch Kinder, die sich unnormal benahmen, Wolfspelze trugen, aus einer Familie mit über sieben Kindern stammten, erotische oder melancholische Ausstrahlung besaßen und vor allem gegen die Gesetze der Kirche verstießen, der Inquisition unterzogen. Bis zum 18. Jahrhundert hielten Werwölfe die Menschen in Atem. Man glaubte, entsprechend veranlagte Menschen seien in der Lage, sich zu bestimmten Zeiten in Wölfe zu verwandeln. Halb Mensch halb Tier und vom Teufel besessen trieben diese Gestalten in mondhellen Nächten ihr Unwesen. Sie ermordeten vor allem Kinder und Frauen, tranken das noch warme Blut ihrer Opfer, verschlangen die Eingeweide und feierten satanische Orgien.

Diese Vorstellung, sich in einen reißenden Wolf zu verwandeln, nannte man „Lykanthropie". Der Name Lykanthrophie hat einen Hintergrund in der Sagenwelt. König Lycaon von Arkadien zweifelte an der Göttlichkeit Jupiters. Um dies zu überprüfen, lud er ihn zu einem üppigen Gastmahl ein, setzte ihm aber Menschenfleisch vor. Zur Strafe verwandelte ihn Jupiter augenblicklich in einen Wolf. Griechische und arabische Ärzte bezeichneten die Lykanthropie als eine Krankheit des Geistes, die sich darin äußert, dass die befallenen Menschen fest glauben, sie müßten zeitweise als Wölfe existieren. An der medizinischen Fakultät der Uni-

112 oben *Der Hass des Menschen gegen den Wolf scheint in der Seele des Menschen tief verwurzelt zu sein. Auch die Aufklärungskampagnen der letzten Jahre haben nicht viel gebracht. Immer noch werden Kinofilme über Werwölfe gedreht und entwickeln sich zu Kassenschlagern, sodass das Bild vom bösen Wolf auch heute noch lebendig ist.*

112 unten *Die Spur eines Wolfs. Bei großen Exemplaren kann sie so groß wie ein Handteller sein.*

114-115 *So sieht er aus, der Mörder, der Bösewicht, aber auch der Welterretter, der Held, der Gönner.*

versität Wittenberg wurden Mitte des 17. Jahrhunderts sogar einige Doktorarbeiten über dieses Phänomen verfasst. Noch im vorigen Jahrhundert beschäftigten sich Ärzte und Wissenschaftler mit dem Phänomen der Lykanthropie.

Heute nimmt man an, dass das Phänomen der Werwölfe in einigen wenigen Fällen einen realistischen Hintergrund besaß, der allerdings nichts mit der Umwandlung in einen Wolf zu tun hatte. Einige der so genannten Werwölfe scheinen Opfer einer seltenen Erbkrankheit gewesen zu sein, der Porphyrinurie. Bei dieser Krankheit färbt sich der Urin der Erkrankten durch die Abgabe von Porphyrinen rot. Da der rote Urin ein Zeichen für den bluttrinkenden Werwolf war, wurden Menschen mit dieser Krankheit automatisch als Werwölfe bezeichnet. Zusätzlich mögen einige von ihnen schizophren gewesen sein und unter der Vorstellung, Wölfe zu sein, gelitten haben. Allein im französischen Jura wurden zwischen 1598 und 1600 600 Menschen von Richter Boquet zum reinigenden Tod im Feuer verurteilt.

Im Jahr 1589 ereignete sich ein besonders gut dokumentierter Fall über einen Werwolf in Bedburg bei Köln. Der Bauer Peter Stupe gestand angeblich freiwillig, „... dass er sich zum Werwolf het kunnen machen", seit 25 Jahren mit einer Teufelin lebe und zwischendurch auch bei seiner „... eigenen rechten dochter gelegen" habe. Er habe von seiner teuflischen Liebhaberin einen Gürtel aus Wolfsfell erhalten und jedesmal, wenn er ihn umlege, verwandele er sich in einen Wolf, habe aber „darneben menschen verstand behalten". In Wolfsgestalt hat er insgesamt 13 Kinder zerfleischt, darunter seinen eigenen Sohn. Das Todesurteil wurde in der Öffentlichkeit am 13. Oktober 1589 auf grausamste Weise vollzogen: Der Scharfrichter riss Peter Stupe mit glühenden Zangen das Fleisch vom Leibe, zerschlug ihm die Arme und Beine und köpfte ihn schließlich. Den verstümmelten Leichnam verbrannte man zusammen mit seiner Tochter und der Tante Trinchen Trumpe auf dem Scheiterhaufen. Zur Abschreckung wurde eine hölzerne Wolfsfigur auf ein Rad gesetzt und Peter Strupes Kopf darauf gesteckt, um ihn der beeindruckten Menge vorzuführen.

In den Gerichtsakten waren anschauliche Darstellungen zu lesen, wie sich die Menschen in Werwölfe verwandelten. Heute nimmt man an, dass Hexensalben und berauschende Getränke, die den angeblichen Werwölfen eingeflößt wurden, aus Extrakten alkaloidhaltiger Pflanzen, meist Bilsenkraut und Tollkirsche, entsprechende Wahnvorstellungen hervorriefen. Werwölfe und Hexen – denn der Hexenwahn ging mit dem der Werwölfe Hand in Hand – wurden mit diesen Mitteln und den Foltern der Inquisition zu einem Geständnis gebracht. Bald hielten die Menschen Wölfe tatsächlich für Menschen in Wolfskleidern und hängten auch richtige Wölfe wie Menschen an den Pranger. Erst zu Beginn des 18. Jahrhunderts hörte die Verfolgung von Hexen und Werwölfen auf. Ausschlaggebend mag ein Werk des Schriftstellers Laurent Bordelon gewesen sein, in dem der Hexen- und Werwolfwahn lächerlich gemacht wurde.

Die Prozesse gegen Hexen und Werwölfe wurden zwar abgeschafft, im Volksglauben lebte die Mär vom Werwolf jedoch weiter, was folgende Geschichte beweist: Er sah aus wie ein Wolf und versuchte sein Opfer mehrfach in den Hals zu beißen. Der Wolf war der 18-jährige David Agulnik aus dem englischen Stratford-on Thames, der als Wolf verkleidet die Herzogin von Kent auf dem Weg zu einer Ausstellung in London überfiel. Er habe sich einfach wie ein richtiger Wolf gefühlt, sagte Agulnik bei seiner Festnahme. Dieser Vorfall liegt etwa 20 Jahre zurück und auch heute noch ist der Glaube an die Verwandlungskunst eines Menschen in ein Tier sehr lebendig. Ulla von Bernus, eine der bekanntesten deutschen Hexen, gestand zum Beispiel in einem 1991 gegebenen Interview, dass sie seit ihrer Jugend immer wieder in die Gestalt eines schwarzen Jaguars hineinschlüpfe. Im oberhessischen Emsdorf und in der Nähe von Fritzlar sollen bis heute in den Raunächten, das sind die Nächte zwischen Weihnachten und Neujahr, an Wegkreuzungen Werwölfe zusammenkommen, um gemeinsam durch die Wälder zu streifen.

Der jahrhundertelange Ausrottungsfeldzug, gepaart mit den grausamen Vorstellungen über die Taten des Wolfs und der Rückgang seines Lebensraums, zeigten Erfolge. In England verschwand der Wolf 1743. 1772 wurde der letzte Wolf in Dänemark erlegt. Überall dort, wo es noch Wald und jagdbares Wild für den Wolf gab, hielt er sich bis weit in das 19. Jahrhundert. 1847 erlegte man im Bayerischen Wald den letzten Wolf. Gleichzeitig verschwand er nördlich der Alpen. 1881 wurde der Wolf in der Schweiz ausgerottet 1888 in der Eifel und 1911 im Elsass. In Schweden erlegte man zwischen 1827 und 1839 jährlich etwa 500 Wölfe, zwanzig Jahre später waren sie in Südschweden verschwunden.

In Nordamerika verlief die Ausrottung des Wolfs ganz anders. Da der Wildbestand in vielen Regionen zu sehr dezimiert wurde und es immer noch geeignete Rückzugsgebiete gab, wurden die Wölfe hier nur aus den von weißen Siedlern in Besitz genommenen Landstrichen verjagt. Als die Siedler auch noch Jagd auf die Büffelherden machten, verschwanden die Wölfe, die in einer gewissen Symbiose mit den Büffeln lebten, gleich mit. Die „Wolfers" legten vergiftetes Büffelfleisch aus und konnten bereits am nächsten Tag den steif gefrorenen, vergifteten Wölfen das Fell abziehen. Von den hellmähnigen Büffelwölfen blieb schließlich keiner mehr am Leben. Diese und viele andere Unterarten starben aus.

Die Frage ist nun, wie gefährlich ist ein Wolf wirklich? Jagte ihn der Mensch als Nahrungskonkurrenten oder weil er sein wärmendes Fell brauchte, oder jagte er ihn aus Hass und Angst um sein Leben? War es gerechtfertigt, dass der Mensch diesen Rachefeldzug gegen eine Art durchführte? Sicher richtete der Wolf im Mittelalter großen wirtschaftlichen Schaden an, wenn er dem kleinen Bauern die Herde dezimierte, ob er aber Menschen tatsächlich jemals angegriffen hat, ist umstritten. Interessant ist, dass in Nordamerika derartige Übergriffe in der gesamten Geschichte abgestritten werden. Ein amerikanischer Journalist setzte vor etwa 50 Jahren eine Belohnung von 1000 Dollar aus, wenn ihm jemand den Beweis bringen könnte, dass jemals ein gesun-

117 *Seit der ersten Hälfte dieses Jahrhunderts gibt es in den meisten Teilen Westeuropas keine Wölfe mehr. Ganz allmählich kehren die Wölfe – meist Einzelgänger – jetzt zurück. Die Zivilisation mit Straßen, Wohngegenden und eingezäunten Waldgebieten verhindert allerdings eine dauerhafte Besiedelung.*

118-119 *Das „Chorgeheul" mehrerer Wölfe scheint eine besondere gesellige Bedeutung zu haben. Es dient außerdem der Verständigung zwischen Nachbarrudeln.*

der, frei lebender Wolf einen Menschen angengriffen hat. Bis heute ist der Preis samt Zins und Zinseszins noch zu haben.

Sind Wölfe besser als ihr Ruf, und hat der europäische Mensch sich vom Übersinnlichen, von Dichtung und Mythologie hinreißen lassen? Vieles spricht dafür. Es ist bekannt, dass in Europa große Hunderassen zur Bekämpfung der Wölfe gezüchtet wurden. Viele dieser Hunde durften jedoch frei herumstreunen und so kam es zu Kreuzungen zwischen Wölfen und Hunden, die viel größer und aggressiver als Wölfe waren und dazu weniger Angst vor den Menschen hatten. Hinweise, dass Hunde die Bestien waren, die Menschen töteten, gibt es einige, so auch in dem Bericht über die „Bestie von Gévaudin", über die der französische Priester Francois Fabre recherchierte. Er trug die Daten aus alten französischen Dokumenten zusammmen und veröffentlichte sie 1901. Zwischen 1764 und 1767 wurden in den Gebieten von Gévaudin und Vivarais 100 Menschen von einer Bestie – die Quellen lassen allerdings zwei Tiere erkennen – angegriffen, 64 getötet. Die Opfer waren vor allem Kinder. 1765 wurde das erste Tier nach langer Hatz getötet, 1767 das zweite und damit waren die Angriffe beendet. Beide Tiere hatten aber Maße, die weit über dem Durchschnitt eines europäischen Wolfs lagen. Das Fell wurde als eine Mischung aus schokoladenbraun und rotbraun beschrieben. Doch eine derartige Fellfärbung kommt beim europäischen Wolf nicht vor. Wahrscheinlich handelte es sich um Mischlinge aus Doggen und Wölfen.

Derartige Geschichten gibt es viele und auch noch im 20. Jahrhundert sind sie verbreitet. So soll im Sommer 1978 ein einziger Wolf im Bergland der Côte d'Azur 380 Schafe getötet haben, bevor ihn ein Bauer erlegte. Als man den getöteten Wolf untersuchte, stellte man fest, dass er einen zweimal gebrochenen Hinterlauf hatte und faustgroße Verwachsungen der Brüche den Wolf sehr behindert haben müssen. Die Befragung des Mannes, der ihn erlegt hatte, ergab, dass der Wolf nur noch schwer laufen konnte. Niemals dürfte ein Tier mit einer derartigen Behinderung in der Lage gewesen sein, Tiere zu jagen. Wenn dieser Wolf wirklich ein Schaf getötet haben sollte, dann nur eines, das Selbstmord begehen wollte … Eigentlich weiß jeder, dass diese Tötungsserie das Werk verwilderter Hunde gewesen sein muss.

Auch heute noch wird von Angriffen von Wölfen auf Menschen berichtet – es dürften Ammenmärchen sein. Sicher ist, dass Wölfe tatsächlich Menschen attackiert haben, zu einer Zeit allerdings, als die Wolfspopulationen noch größer waren. Die angegriffenen Mensch starben jedoch meist an der von den Wölfen übertragenen Tollwut und nicht an den zugefügten Verletzungen. Es stimmt auch, dass Wölfe in Hungerszeiten Menschen fraßen, zum Beispiel nach oder während langer Kriege, wie dem 100-jährigen Krieg zwischen England und Frankreich im 14. Jahrhundert. Es wurde mehrfach von Wölfen berichtet, die bis in das Zentrum von Paris vordrangen, hier Nahrung stahlen, Hunde töteten und manchmal auch geschwächte oder dem Tod geweihte Menschen angriffen. Gefressen wurden nachweis-

120 *Aufmerksames Wolfspaar*

lich die eilends vor der Stadt begrabenen Leichen. Der Wolf griff tatsächlich Menschen an, aber nicht in dem Ausmaß, wie ihm die europäische Geschichte und Mythologie anzuhängen versucht.

Seit der Ausrottung des Wolfs in den meisten Gegenden Europas hat der Mensch keine neuen, eigenen Erfahrungen mit der angeblichen Bestie machen können. So leben wir heute mit Vorstellungen aus dem Mittelalter, die durch Sagen und Märchen, durch Gerüchte und Halbwahrheiten weit vor unserer Zeit genährt werden. Erst Menschen wie Jack London oder Rudyard Kipling haben dazu beigetragen, dass der Wolf vom bösen wieder zum guten Lager überwechseln konnte. Im Dritten Reich durfte der Wolf wie ehemals bei den Germanen, wieder Sinnbild für Stärke und unbezwingbare Ausdauer sein. Hitlers Befehlsstand im umkämpften Ostpreußen wurde „Wolfsschanze genannt", U-Boote waren als „Wolfsrudel" unterwegs, Pfadfinder nannte man „Wölfe". Das neue Wolfsbild rechtfertigte auch die Züchtung einer Hunderasse, die dem Wolf sehr ähnlich sein sollte: der Schäferhund. Der Wegbegleiter vieler Menschen ist daher nicht, wie vielfach angenommen, ein früher Nachfahre des Wolfs, sondern eine moderne Huldigung an eine Art, an der sich der Mensch vergangen hat. Doch der Schäferhund geriet nicht so wie der Mensch es sich vorgestellt hatte. Er war kein mutiger, scharfer Hund, das sollte er aber im Anklang an den Wolf sein. So versuchte man ihn zu modellieren. Doch je mehr man ihn durch Kreuzungen mit Wölfen „schärfer" zu machen versuchte, umso ängstlicher und scheuer wurde er. Ein Beweis dafür, wie wenig dem Wolf Schärfe und Furchtlosigkeit eigen sind. Das heutige „Produkt" Schäferhund gehört zu den angriffslustigen Hunden, denn ihm fehlt – im Gegensatz zum Wolf – die Scheu vor dem Menschen.

Bis heute nutzt dem Wolf weder die Züchtung einer ihn verherrlichenden Hunderasse, noch das Omen der Biologen, dass er zu den stärksten und überlebensfähigsten Wildtieren gehört. Es nutzt ihm nichts, Kreide zu fressen, noch haben seine weißen Mehlpfoten einen Sinn, wie er sie bei der arglistigen Täuschung der sieben Geißlein einsetzte, wenn es um sein Verhältnis zum Menschen geht. Auch wenn er sich noch so gut tarnen und anpassen kann, er hat in unserer westlichen Kulturlandschaft mit Straßennetz, Wanderrouten und Jägerhochsitzen keine Chance. Wird ihm der Mensch einen angemessenen Platz bieten können? Nur wir können mit Information, Abbau von alten Ängsten und Vorurteilen und dem Wissen über die Existenzberechtigung aller Lebewesen uns selbst ein neues Bild von der ehemaligen Bestie machen. Doch bis dahin ist der Weg noch weit, denn auch die modernen Märchen haben das neue Wunsch-Image des Wolfs noch nicht verinnerlicht … Ein bisschen vertrottelt sieht er aus, mit der Sahnetorte im Gesicht, die ihm die drei Enten in der Geschichte am Anfang dieses Kapitels ins Gesicht geworfen haben. Doch der Angriff der Enten reizt die Mordlust des Wolfs noch mehr und es beginnt eine wilde Verfolgungsjagd. Der Gewinner: Die drei Enten – natürlich –, auch wenn sie Federn lassen müssen. Der Verlierer: Der Wolf – natürlich – zerzaust, gedemütigt, mit eingezogenem Schwanz zieht er ab, der alte Bösewicht – ein Ende der Geschichte, wie es im Mittelalter nicht hätte anders ausfallen können.

122 *Die langen Läufe des Wolfs sind besonders gut dafür geeignet sich in unwegsamem Gelände fortzubewegen. Weder Schnee noch Gestrüpp oder Unterholz stellen für den Wolf ein Problem dar. Auch in schnellem Trab kann er viele Kilometer zurücklegen. Laufen ist die wichtigste Fähigkeit des Wolfs. Nur durch seine Geschwindigkeit und Geschicklichkeit ist es ihm möglich, Beute zu machen. Ein russisches Sprichwort drückt das sehr gut aus: „Der Wolf ernährt sich mit den Füßen." Ein Wolf kann eine Geschwindigkeit von bis zu 65 Kilometern in der Stunde erreichen und besitzt genügend Ausdauer, um diese Geschwindigkeit über längere Zeit zu halten.*

123 *Hat der Wolf Beute gemacht, wird als Erstes der Hunger der Alpha-Tiere gestillt. Ist die Beute groß genug, darf das ganze Rudel sofort am Mahl teilnehmen.*

124 Meist jagt der Wolf nur kurz. Dann hat er Erfolg oder gibt auf. Falls der nötige Hunger vorhanden ist, können Verfolgungsjagden aber über weite Entfernungen stattfinden.

125 Mit gesträubtem Nackenfell nähert sich ein Wolf nur einem gleichgeschlechtlichen Gegner. Er bereitet sich optisch auf ein Kräftemessen vor, bei dem der Rang der Tiere festgelegt wird.

Rotkäppchen – eine Version aus dem Nivernais

Es war einmal eine Frau, die hatte Brot gebacken. Sie sagte zu ihrer Tochter: „Geh zu deiner Großmutter und bring ihr frisches Brot und eine Flasche Milch." Auf dem Weg begegnete das kleine Mädchen einem Wolf, der es fragte: „Wohin gehst du?" „Zu meiner Großmutter …". Der Wolf lief zur Großmutter voraus, brachte sie um, legte ihr Fleisch in eine Schüssel und stellte eine Flasche von ihrem Blut auf das Bord. Dann kam auch das Mädchen und klopfte an die Tür. „Du musst nur die Tür aufstoßen" sagte der Wolf. „Guten Tag Großmutter, ich bringe Euch ein frisches Brot und eine Flasche Milch". „Leg sie dort drüben hin und nimm dir von dem Fleisch und eine Flasche Wein". Während das Mädchen aß, kam eine kleine Katze herein und sagte: „Pfui, so eine Schlampe, sie isst von dem Fleisch ihrer Großmutter und trinkt ihr Blut". „Zieh dich aus, mein Kind" sagte der Wolf, „und leg dich zu mir". „Wo soll ich meine Schürze hinlegen?" „Wirf sie ins Feuer, du brauchst sie nicht mehr". So ging das mit allen Kleidungsstücken und alles verbrannte. Als es nackt im Bett lag, sagte das kleine Mädchen: „Ach Großmutter, warum habt Ihr so große Ohren?" „Damit ich besser hören kann". „Ach Großmutter, warum habt Ihr so große Nasenlöcher?" „Damit ich besser schnupfen kann". „Ach Großmutter, warum habt ihr einen so großen Mund?" „Damit ich dich besser fressen kann". „Ach Großmutter, ich muss mal nach draußen!" „Mach ins Bett, mein Kind". „Das will ich aber nicht!" „Gut, dann geh raus". Der Wolf band dem Mädchen eine Schnur ums Bein und ließ sie gehen. Als die Kleine draußen war, band sie die Schnur um einen Zwetschenbaum. Der Wolf wurde ungeduldig und rief: „Machst du Stricke?" Als er merkte, dass niemand ihm Antwort gab, sprang er aus dem Bett und sah, dass die Kleine fortgelaufen war …

126 Mit einem riesigen Satz überquert dieser Wolf einen Bach.

127 Von einem Felsen aus beobachten einige Rudelmitglieder die Umgebung.

Von einer Wildsau und einer Wölfin

Ein Schwein hatt' Ferkel in dem Wald,
Die waren drei, vier Tage alt,
Und eine Wölfin wohnt' nicht weit
Mit ihrer Brut. „Es ist nun Zeit",
So dacht' sie, „dass ich such' mit Fleiß
Für mich und meine Jungen Speis'."
Da ging sie hin zu jener Sau
Und sprach: „Gott grüß' euch, liebe Frau!
Ich danke Gott, der euch mit Gnaden
Entbunden hat ohn' allen Schaden.
Drum bin ich froh im Herzen mein
Für euch und eure Ferkelein.
Doch dass ich heute hab' vernommen,
Ihr könntet keine Magd bekommen,
Das hat mein Herz bekümmert sehr;
Ich möcht' euch gern erzeigen Ehr',
Und euch zu dienen und den Kindern,
Will willig ich bereit mich finden,
Will tun, was einer frommen Magd
Zusteht, das sei euch zugesagt."

Die Sau sprach: „Liebe Wölfin mein,
Wenn du mir willst zu Willen sein,
So geh, denn ich bedarf dein nicht,
Du hast ein Mörderangesicht.
Siehst du auch dort den Eber kommen?"

Kaum hat die Wölfin dies vernommen,
Trollt schnell sie sich zu ihren Jungen.
Die List war ihr nicht wohl gelungen.

Moral:
Es gibt wohl Leut', die stellen sich,
Als liebten sie von Herzen dich,
Doch sind sie in des Herzens Grund
Nicht, wie sie reden mit dem Mund.
Sie suchen Eigennutz daneben,
Sollst ihnen keinen Glauben geben.
Drum sei gewarnt und sie dich vor,
Leih solchen Wölfen nicht dein Ohr.

(Erasmus Alberus, um 1500–1553)

Wolfsschutz

Neue Gefahr für Rotkäppchen

10000 Jahre dauerte ein erbitterter Kampf. Es ging ums Überleben. Der Kampf zwischen Wolf und Mensch entwickelte sich mehr und mehr zu Gunsten des Menschen. Heute ist der Wolf vielerorts ausgerottet. Jetzt geht es um Rehabilitation, um Wiedergutmachung, um eine neue Chance für eine geächtete Art.

Es ist Vollmond. Auf einer stillen Waldlichtung heult ein Wolf. Schauplatz sind nicht die schaurig-schönen Karpaten Siebenbürgens oder die weiten Wälder Kanadas, sondern der Bayerische Wald. Nach mehr als 150 Jahren Verbannung ist er zurückgekehrt. 1846 wurde hier der letzte frei lebende Wolf geschossen. Doch woher kommt er und was will er hier eigentlich noch? Der Wolf kommt aus Osteuropa, aus Polen oder Tschechien. Er ist ein heimlicher Grenzgänger und niemand weiß genau, wie viele Wölfe in Deutschland leben und wie viele das Land, auf der Jagd oder der Suche nach einem Partner, nur durchstreifen. Meistens kommen die Wölfe alleine, nur selten im Rudel. In Europa leben heute, vor allem in Russland, Polen und Rumänien, aber auch in den Bergwäldern Spaniens, Italiens und Griechenlands noch etwa 30000 Wölfe. Sie finden ihren Weg jetzt nach Nord- und Zentraleuropa zurück.

Neben diesen natürlichen Zuwanderern werden auch Wölfe aus anderen Ländern, meist Kanada, importiert. Sie werden zwischenzeitlich untergebracht und warten hier auf die Freiheit. Das Wiedereinbürgern von in Menschenobhut großgezogenen Tieren ist allerdings sehr problematisch und so bleiben die „Importe" meist in Gehegen.

Samson wurde zum Beispiel per Luftfracht aus Kanada eingeflogen. Er kam zur dänischen Verhaltensforscherin Britta Rothauser. Ihr Tagebuch enthält neben den vielen Erfahrungsberichten auch lustige Vorkommnisse, die der „Normalbürger" aber mit Sicherheit nicht so spaßig finden wird. So schreibt sie: „Als Samson mit eingekniffenem Schwanz aus der Transportkiste kletterte, war er gerade sieben Wochen alt. Seine erste Tat war, mich anzupinkeln". Ein halbes Jahr später zerfetzte Samson Bettvorleger, fraß Blumen und jagte Mopedfahrern nach. Er zerbiss mit Vorliebe die Blinklichter geparkter Autos und pinkelte Frau Rothauser nur noch an, wenn er einen Mann sah.

Kommt das jetzt auch auf uns auch zu, wenn der Wolf im Bayerischen Wald eine neue Heimat findet? Mit Sicherheit nicht, denn ein derart enger Kontakt ist nur in Gehegen und Forschungsstationen möglich. Der Wolf in freier Wildbahn ist ein scheues Tier, das vor dem Menschen flieht. Doch das

128-129 *Ein gut getarnter Beobachter*

wissen die meisten Menschen nicht und so scheiterten die ersten Annäherungsversuche an die geächtete Art *Canis lupus* an überlieferten Ängsten und mangelnder Information. 1976 brachen neun Wölfe aus ihrem Gehege im Nationalpark Bayerischer Wald aus. Eine Wölfin, die unter Menschen aufgewachsen und durch ihr Leben im Gehege an den Umgang mit Menschen gewöhnt war, tauchte in einem Dorf auf und näherte sich einem Kleinkind. Dem Kind passierte nichts. Der Wolf floh. Sofort wurden vom Innenminister mehrere Hundertschaften Polizei an den Ort des Geschehens kommandiert. Die Wölfe hatten sich in unwegsames Gelände zurückgezogen. Es dauerte zwei Jahre, bis alle entflohenen Wölfe erschossen waren. Seltsamerweise hatten aber die Jäger mehr Wölfe erlegt, als ausgebrochen waren. Man sollte wissen, dass der Wolf in Europa geschützt ist, bis auf wenige Ausnahmen wie zum Beispiel Russland, Rumänien oder Griechenland.

Auch die zweite Begegnung von Bajuwaren und Wölfen verlief tragisch. 1991 spürten Jäger im bayerisch-österreichischen Grenzgebiet eine Wölfin auf und erschossen sie ohne viel Aufhebens.

Im gleichen Jahr mussten auch vier Rüden in Brandenburg erfahren, dass das Betreten von deutschem Boden ein extremes Risiko birgt. Der Erste wurde mit gebrochenem Hinterlauf in einem Kellereingang gefunden und erschossen, weil ihn die Polizei für tollwütig hielt. Der Zweite war auf dem Weg in die Lüneburger Heide. Er hatte bereits zwei Autobahnen überquert, als er bei Perleberg erschossen wurde. Die beiden letzten wurden von Jägern erlegt, die behaupteten, sie hätten die Wölfe für streunende Hunde gehalten. Dieses Missverständnis, Wölfe mit Hunden zu verwechseln, tritt immer wieder auf und kostet vielen, die auf dem Weg in eine neue Heimat sind, das Leben. Dabei müsste doch vor allem professionellen Jägern der Unterschied zwischen Wolf und Haushund bekannt sein. Sowohl die gesamte Statur – schmalere Brust und längere, schlanke Beine – als auch die Kopfform – größer, längere Ohren – und die Fellfärbung sind beim Wolf ganz anders als zum Beispiel bei dem ihm ähnlich sehenden Schäferhund. Jäger in Brandenburg und Mecklenburg-Vorpommern erhielten daraufhin Merkblätter mit Unterscheidungsmerkmalen, um die über die Ostgrenzen einwandernden Wölfe zu erkennen und von Hunden unterscheiden zu können.

In Polen ziehen heute noch etwa 1000 Wölfe die Fährte, sie wandern immer wieder über die Oder-Neiße-Grenze in deutsche Gebiete ein. Erst 1977 hatte die polnische Regierung beschlossen, den Wolf unter Schutz zu stellen. Innerhalb des letzten Jahrzehnts vermehrten sich hier die Wölfe um das Achtfache. Ein derart gesteigerter Populationsdruck veranlasst die Leitwölfe, die männlichen Nachkommen noch vor der Geschlechtsreife aus dem Rudel zu verstoßen. Als Einzelgänger sind diese Jungtiere dann gezwungen selbst zu jagen und müssen kraftraubende Dauermärsche, der Fährte eines Beutetiers folgend, auf sich nehmen. Bis zu 60 Kilometer legen sie manchmal in einer Nacht zurück und so kolonisieren sie auch Neuland.

Weiter südlich verläuft die Wiedereinbürgerung nach dem gleichen Prinzip, nur müssen hier die Wölfe die riesigen Sperrgebiete Tschechiens durchqueren, um in die wildreichen Regionen des Böhmerwalds zu kommen. Über den

__130__ Bereits im zarten Alter von wenigen Wochen beginnen die Wölfe zu heulen. Heulen dient der Kommunikation und der Bindung im Rudel. Heulen bedeutet: „Hier bin ich, wo bist du?" Aber auch: „Das ist meine Stimmung!", oder: „Wir gehören zusammen."

__131 oben__ Die Begrüßung von Rudelmitgliedern läuft in der Regel durch Körpersignale ab. Dazu gehören Schwanzwedeln, Belecken und Quieklaute.

__131 unten__ Geschlechtsreife Männchen trennen sich vom Rudel, wenn die Möglichkeit besteht, ein neues Revier in Besitz zu nehmen. In der durch den Menschen zerstückelten Landschaft ist das nicht mehr möglich. Hier bleiben die geschlechtsreifen Männchen im Rudel und hoffen, irgendwann einmal den alten Alpha ersetzen zu können.

Kamm des Bayerischen Walds steht ihnen dann der Weg nach Süddeutschland offen.

Sicheres Indiz für die Wiederkehr der verstoßenen Art ist die Begegnung zwischen Wolf und Mensch. Ende August 1993 wurde wenige Kilometer vom Ku'damm entfernt auf dem Nordring der Berliner Autobahn ein Wolf überfahren – auf dem Weg in eine neue Heimat. Unblutig endeten zwei andere Begegnungen mit einem Wolf. Dem Wanderer Peter Lutz begegnete im Herbst 1992 auf einem Wanderweg im Grenzgebiet zwischen dem Bayerischen Wald und dem Böhmerwald ein Wolf. Lutz blieb stehen und griff zum Fernglas. Der Wolf ergriff sofort die Flucht. Einige Wochen später stieß ein Jäger in den Hochlagen des Bayerischen Walds auf die Spuren eines Wolfs im Schnee. Es hätte die Spur eines verwilderten Schäferhunds sein können, doch dieser Jäger erkannte an der geraden Spur – ein Schäferhund hat eine Zick-Zack-Spur – und an den großen Pfoten, dass es sich um einen Wolf handelte.

Die Frage, welche Chance der Wolf hat, in den dicht besiedelten Gebieten Deutschlands wieder Fuß zu fassen, bleibt offen. Die „Wildbiologische Gesellschaft" in München untersuchte 1992 ein 2700 Quadratkilometer großes Gebiet zwischen Böhmerwald und Bayerischem Wald sowie Teile des österreichischen Mühlviertels auf die hier lebenden Wild- und Haustiere sowie Siedlungs- und Verkehrsdichte, um die Überlebenschancen des Wolfs zu bestimmen. Die Prognose lautete: Es ist in diesem Areal Platz für maximal 60 bis 100 Wölfe. Bis heute haben sich in den deutschsprachigen Raum nur Einzeltiere verirrt. Die Ansiedlung ganzer Rudel dürfte noch lange auf sich warten lassen.

132 *Abwarten und beobachten …*

133 *… und anschließend die Rangordnung festlegen.*

Wie auch schon in anderen europäischen Staaten, wird in Deutschland mit der Aufklärungsarbeit über die tatsächliche Gefahr des Wolfs begonnen. Das brandenburgische Umweltministerium hat in Zusammenarbeit mit den bayerischen Wildbiologen einen Katalog erarbeitet, der einheimischen Schafbauern, Reitern und Tourismusvertretern die Angst vor dem Wolf nehmen soll. Außerdem wird gemeinsam mit der Stiftung „Europäisches Naturerbe" für die Übernahme von Wolfpatenschaften geworben.

In anderen EU-Staaten ist die Situation ähnlich. Die Europäische Union hat in einem Plan zum Schutz des Wolfs beschlossen, den Bauern die Viehverluste finanziell auszugleichen. In den Anfängen wurden durch diese Maßnahme italienische Bauern dazu verleitet, ihr Vieh zu erschießen, die Schuld aber Wölfen zuzuschieben, das Lammfleisch auf dem Schwarzmarkt zu verkaufen und dann EU-Gelder zu kassieren.

Der in Italien lebende Wolf gehört zu den am besten erforschten in Eurasien. Seit 1972 werden hier durchgehend Untersuchungen gemacht. Nach den Aussagen von Bauern, Waldarbeitern und Jägern kamen Wölfe in großer Zahl in den Abruzzen, den Tolfabergen und auf Sizilien vor. Der italienische Wolfsforscher Boitani stellte allerdings fest, dass es sich bei den meisten angeblichen Wölfen um Hunde handelte. 1973 wurde klar, dass nur noch wenige hundert Wölfe in Italien lebten, die sich vor allem in den Abruzzen aufhielten. Durch Aufklärung und Schutzmaßnahmen stieg in den letzten 10 Jahren die Anzahl der Wölfe in Italien um 50 %. Doch bis heute leben hier nicht mehr als 200 bis 300 Wölfe. Der Grund: Verfolgung durch erboste Bauern. Ein weiteres Problem des Wolfs ist die in Italien besonders hohe Zahl verwilderter und streunender Hunde. Die Hunde konkurrieren mit den Wölfen um Territorien und Nahrung. Kreuzungen zwischen Hunden und Wölfen sind häufig. Auch wenn die meisten Viehdiebereien nachweislich von Hunden verursacht werden, so werden sie den Wölfen unterstellt, denn nur dann bekommen die Bauern den Verlust ersetzt.

Die Überlebensaussichten der Wölfe sind in Spanien nicht besser, auch wenn die Population noch auf 500 bis 1000 Tiere geschätzt wird. Mittelalterliche Methoden werden angewendet, um den Viehdieb zu bestrafen. Endet die Jagd mit dem Erlegen eines Muttertiers, so werden deren Welpen aus dem Bau geholt und als Trophäen von Dorf zu Dorf weitergereicht. Da die kleinen Wölfe weder Nahrung

134 *Ohne lange über dieses Bild nachzudenken, erkennt jeder Mensch, um welche Situation es sich hier handelt. Die Körpersprache der Wölfe ist sehr ausgeprägt.*

135 oben *Auch wenn die Wölfe Allesfresser sind, d. h. auch Beeren, Früchte und Wurzeln fressen, so ist es für sie vor allem im Winter überlebenswichtig, tierische Nahrung zu sich zu nehmen. Entsprechend ist ihr Jagdeifer.*

135 unten *Nur kranke oder schwache Haustiere werden von Wölfen erlegt. Gesunde Tiere werden selten angegriffen. Häufig unterstellt man Wölfen die Taten streunender Hunde.*

noch Wasser bekommen, sterben sie nach wenigen Tagen. Erst dann ist der Verlust der Haustiere gerächt.

Auch in Portugal wird dem Gesetz zum Schutz des Wolfs keine Geltung verschafft. Noch erbitterter als in Spanien werden Wölfe hier bei jeder sich bietenden Gelegenheit gejagt – trotz Schutzgebiet und der Aufklärungsarbeit der internationalen Naturschutzorganisation „Grupo lubo". In Portugal leben mittlerweile nur noch 150 Wölfe.

In Norwegen leben noch etwa 10 Wölfe. Haben sie überhaupt noch eine Überlebenschance in diesem Land? Ein Plädoyer für den Wolf wurde 1987 von dem Philosophen Arne Naess und dem Biologen Ivar Mysterud, Professoren an der Universität Oslo, verfasst. Hier ein Ausschnitt: „Als Philosoph und als Biologe wollen wir hier einige vorläufige Gedanken über Wert und Normen in der Beziehung zwischen Wolf und Mensch darlegen. Die Probleme der heutigen Verbreitung des Wolfs in Norwegen stehen im Zentrum dieser Betrachtung. In diesem Land sollte eigentlich eine gemischte Gesellschaft aus Schafen, Wölfen und Menschen leben. Zur Zeit haben wir 3,2 Millionen Schafe, 4,1 Millionen Menschen und fünf bis zehn Wölfe. Die Wölfe leben in einem kleinen Gebiet mit verstreuten Schaffarmen. Die Bauern akzeptieren die Präsenz der Wölfe nicht und finden darin lokal Unterstützung … Doch wir empfehlen, den Wolf ohne jeden Zweifel als Mitglied der nordischen Lebensgemeinschaft …".

Den Hirten und Bauern werden heute Vorschläge gemacht, wie sie das Problem Wolf meistern können. Nicht nur, dass der durch den Wolf entstandene Schaden an den Haustieren durch EU-Gelder ersetzt wird, es werden auch noch Vorschläge gemacht, den Wolf in Schach zu halten. Doch wie so oft bei subventionierten Tätigkeiten, fehlt es den Hirten weitgehend an Eigenverantwortung und Initiative. Schäfer, die nachts in Kälte, Einsamkeit und Feuchtigkeit bei den Schafen wachen, sind selten. Ein gefundenes Fressen für den Wolf, der damit gleichzeitig den Berufsstand und die bisherige Lebensart der Schäfer in Frage stellt. Doch Schafherden können erfolgreich gegen die Übergriffe des Wolfs geschützt werden. Es werden den Schäfern heute Hütten zur Verfügung gestellt, damit sie bei den Herden übernachten können. Außerdem können die Übergriffe des Wolfs durch den Einsatz des Pyrenäenhunds, dem einzigen Hund, der dem Wolf furchtlos entgegentritt, spürbar vermindert werden. Auch bestimmte Schutzzäune sind wirksam.

In Nordamerika gibt es zwar zahlenmäßig noch viele Wölfe – es sind zischen 35 000 und 40 000 – in den USA sind sie allerdings fast ganz verschwunden. Nach mehr als 50 Jahren gibt es seit 1995 im Yellowstone-Nationalpark wieder Wölfe. Der Import aus Kanada hatte Erfolg. 14 kanadische Wölfe wurden nach Wyoming geflogen. Nach einer Eingewöhnungsphase in einem Tiergatter wurden sie Mitte März 1995 einzeln freigelassen. Bereits im Mai 1995 gab es Nachwuchs bei den Wölfen und das Yellowstone-Rudel bestand nun aus 20 Tieren. Ein Erfolg! Während in Alaska noch etwa 6000 Tiere leben, sah die Situation in Kanada besser aus. Doch in den letzten Jahren haben sich die Zahlen des dort ansässigen Timberwolfs drastisch reduziert. Zu Hunderten wurde er abgeschossen, denn man glaubte, er dezimiere die Karibu- und Elchherden. Das Wild ist aber ein begehrtes

136 *Die Pfoten eines ausgewachsenen Wolfs hinterlassen einen großen Abdruck. Er entspricht in etwa dem Handflächenabdruck eines Mannes. Die Pfote ist der Lebensweise des Wolfs hervorragend angepasst. Bei geschlossenen Zehen wirkt sie dick und klobig. Bei unebenem Boden wird sie breit und anschmiegsam und lässt den Wolf sicher über Felsen und Steine klettern. Auf langen Wanderungen hält der Wolf die Zehen geschlossen. Damit vermindert er die Oberflächenreibung beim Gehen. Nur bei schwierigen Manövern spreizen sich die Zehen und bieten dem Wolf sicheren Halt.*

137 *Je höher die Geschwindigkeit, desto kürzer berührt die Pfote den Boden.*

138 oben *Im Rudel harren die Wölfe aus und warten auf eine günstige Gelegenheit, um Beute zu machen.*

138 unten *Die Nase ist das Hauptleitorgan des Wolfs. Mit ihr erriecht er nicht nur das eigene Revier oder das des benachbarten Rudels. Mit ihr spürt er auch Beute auf und verfolgt sie.*

139 *Ein einsamer Wolf heult, um seine Trauer zu bekunden, um zu sagen: „Ich suche jemanden", oder einfach irgendwo eine Resonanz zu hören und zu wissen: „Hier ist mein Rudel, endlich weiß ich, wo ich es wiederfinden kann."*

140 *Gebietsgrenzen eines Wolfsrudels bleiben manchmal länger als ein Jahrzehnt unverändert. Bei Nahrungsknappheit oder wenn ein Rudel den Beutebestand in seinem Territorium zu sehr reduziert hat, muss es Nahrung in Grenzgebieten suchen. Dabei kommt es immer wieder zu Auseinandersetzungen mit Rudelmitgliedern anderer Rudel, die auch tödlich enden können.*

141 *Oft zwingt die Nahrungsknappheit die Wölfe in andere Territorien vorzudringen und darin zu jagen. Die Auseinandersetzungen mit den anderen Rudeln betreffen das Überleben. War ein getöteter Wolf ein Alpha-Tier, so löst sich unter Umständen das Rudel auf.*

143 *Das Heulen wirkt als sehr starker Auslöser: Wenn ein Wolf heult, können andere, die es hören, nicht widerstehen und fallen sofort ein.*

Jagdobjekt, vor allem für Trophäenjäger aus Deutschland. Nach Auskunft der kanadischen Schutzorganisation „Friends of the Wolf" sind allerdings eine Hand voll Jagdführer Schuld am Rückgang des Wilds, da sie den Abschuss der Karibus und Elche zu Hunderten erlauben.

Der Wolf ist in allen Regionen der Erde bedroht, denn er bewohnt nur noch weniger als 10 % seines ursprünglichen Verbreitungsgebiets.

Der Mensch hat den Wolf domestiziert, hat ihn zu seinem Sklaven gemacht. Dies war der Beginn einer revolutionären Phase in der Geschichte der Menschheit: Die Dienstbarmachung und Haltung von wilden Tieren zum ausschließlichen Nutzen des Menschen. Später stand der Wolf, wild geblieben dem Menschen mit seinen Nahrungsansprüchen im Wege. Heute haben wir erkannt, dass wir unsere Umwelt zu sehr ausgenutzt haben und dass wir vielen Lebewesen, die wir als wichtige und unverzichtbare Glieder der Natur an den Rand der Existenz gedrängt haben, wieder eine Chance geben müssen. Der Kampf zwischen Ökologie und Ökonomie ist in vollem Gang. Wir streben heute eine Wandlung von der „Umwelt" zur „Mitwelt" an, wollen unsere Vergehen an der Natur wieder gutmachen.

Wie wird die Wiedergutmachung an der Spezies Wolf ausgehen? Werden die Wiedereinbürgerungsversuche gelingen? Wird der kluge und anpassungsfähige Kulturflüchter Wolf von den neuen Gedanken der Naturschützer profitieren? Wird er der Erste sein, der es zu einem Miteinander mit der Spezies Mensch schafft, dem es gelingt eine Brücke zu schlagen zwischen Kultur und Natur?

144-145 *Das Alpha-Paar (links das Weibchen) auf Streifzug*

146 oben *Alaska-Tundrawolf* (Canis lupus tundrorum)

146 unten *Wolf in vollem Lauf*

147 oben *Mit einem Sprung überquert dieser Wolf problemlos einen Bach.*

147 unten *Mit gefletschten Zähnen und gesträubtem Nackenhaar wird klar gemacht, wem die Beute gehört.*

Die beiden Wölfe

In einem dicken Wald, wo Wind und Hunger heulten,
War zweier Wölfe Sitz, die sich in mancher Nacht
Nichts im Gebiss als Raubsucht heimgebracht,
Die sie recht brüderlich und ohne Missgunst teilten.
Allein sie hatten sich verirrt
Und zu der Beute nicht den rechten Weg genommen.
Bald aber sehen sie die schönsten Schafe kommen;
Doch kommen auch zugleich der Hylax und der Hirt.
Wo die Gewalt unbrauchbar ist,
Bedient sich auch ein Wolf der List.

Sie halten Kriegsrat. Lykaons Enkel spricht:
„Ein rechter Angriff hilft hier nicht.
Ich will mich hinter jenen Hecken
Im Graben tief genug verstecken,
Dann musst du, fern von mir, der Herde Furcht erwecken.
Trab auf sie zu und lass dich sehn;
Der Schäfer wird dich bald entdecken

Und mit dem Hunde dir gewiss entgegengehn.
Da werd' ich schnell den Raub vollstrecken;
Die Kunst der Flucht musst du verstehn."
Der andre Wolf bejaht's, gestand, dass sein Gefährte
Sich als ein alter Wolf erklärte,
Und hieß den Anschlag wunderschön.

Sie trennen sich, und dieser naht hinan.
Man sieht ihn; Hylax bellt. Den Erbfeind zu erwischen,
Sucht ihn der Schäfer oft im Wettlauf anzufrischen.
Ihm setzen beide nach, doch kömmt ihm keiner an,
Und jener schleicht aus den Gebüschen
Und stiehlt das beste Schaf, das man nur stehlen kann.

So wird man oftmals der Gefahr,
Wo sie am größten ist, am wenigsten gewahr.

(Friedrich von Hagedorn, 1708–1754)

149 *Manchmal kann es für ein Rudel günstiger sein, auf das Heulen fremder Wölfe nicht zu antworten. Wenn ein Rudel seine Nachbarn aufspüren möchte, sollte es das besser ohne Ankündigung tun. Wenn ein Rudel nicht auf das Heulen antwortet, werden seine Nachbarn über den Aufenthaltsort im Unklaren gelassen. Es wäre sehr gefährlich ein frisch markiertes Gebiet zu betreten, selbst wenn das Heulen nicht beantwortet wird.*

Verbreitungsgebiet des Wolfes

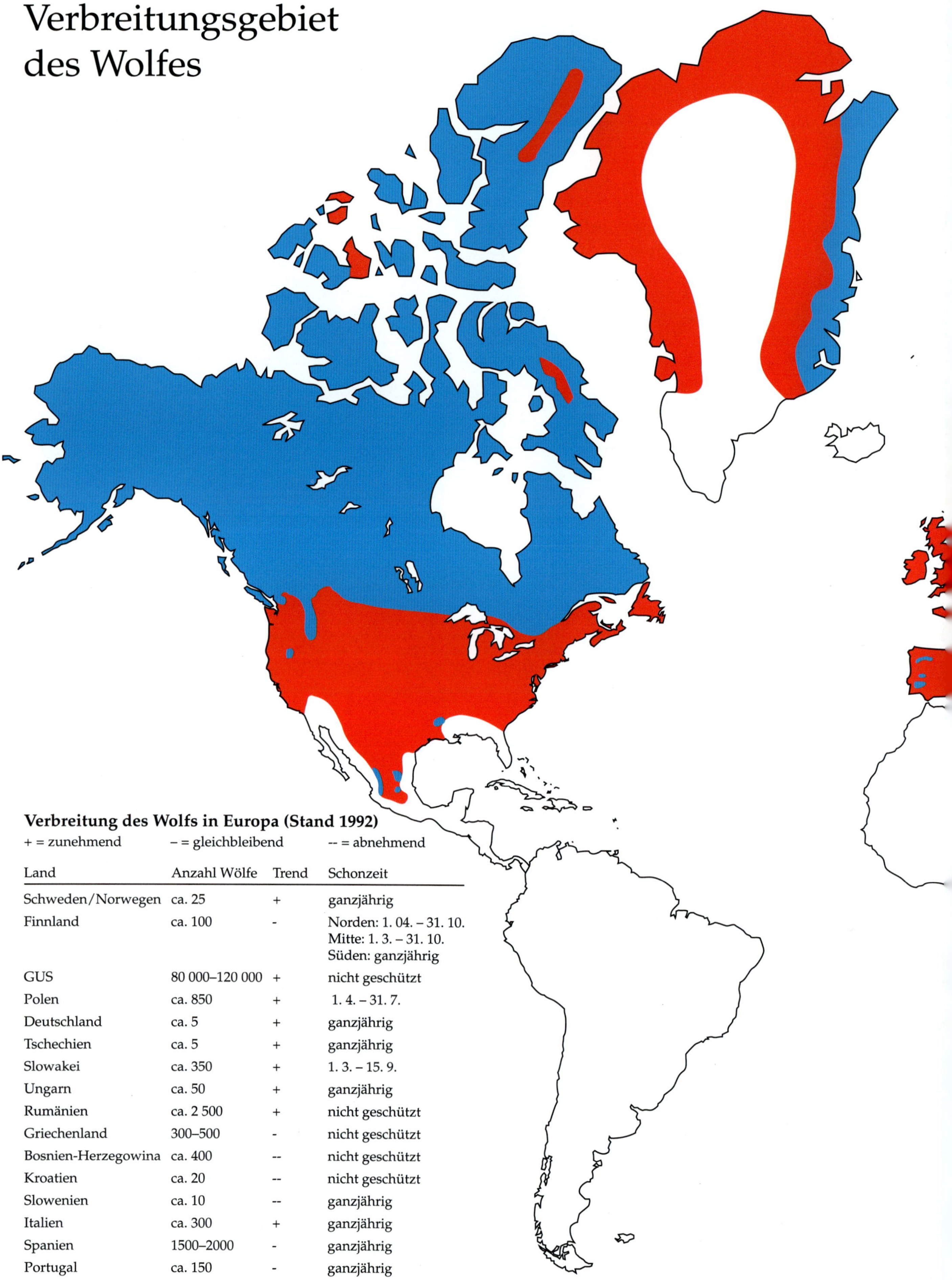

Verbreitung des Wolfs in Europa (Stand 1992)

+ = zunehmend — – = gleichbleibend — -- = abnehmend

Land	Anzahl Wölfe	Trend	Schonzeit
Schweden/Norwegen	ca. 25	+	ganzjährig
Finnland	ca. 100	-	Norden: 1. 04. – 31. 10. Mitte: 1. 3. – 31. 10. Süden: ganzjährig
GUS	80 000–120 000	+	nicht geschützt
Polen	ca. 850	+	1. 4. – 31. 7.
Deutschland	ca. 5	+	ganzjährig
Tschechien	ca. 5	+	ganzjährig
Slowakei	ca. 350	+	1. 3. – 15. 9.
Ungarn	ca. 50	+	ganzjährig
Rumänien	ca. 2 500	+	nicht geschützt
Griechenland	300–500	-	nicht geschützt
Bosnien-Herzegowina	ca. 400	--	nicht geschützt
Kroatien	ca. 20	--	nicht geschützt
Slowenien	ca. 10	--	ganzjährig
Italien	ca. 300	+	ganzjährig
Spanien	1500–2000	-	ganzjährig
Portugal	ca. 150	-	ganzjährig

Historisches Verbreitungsgebiet
Heutiges Verbreitungsgebiet

Die Evolution des Wolfes

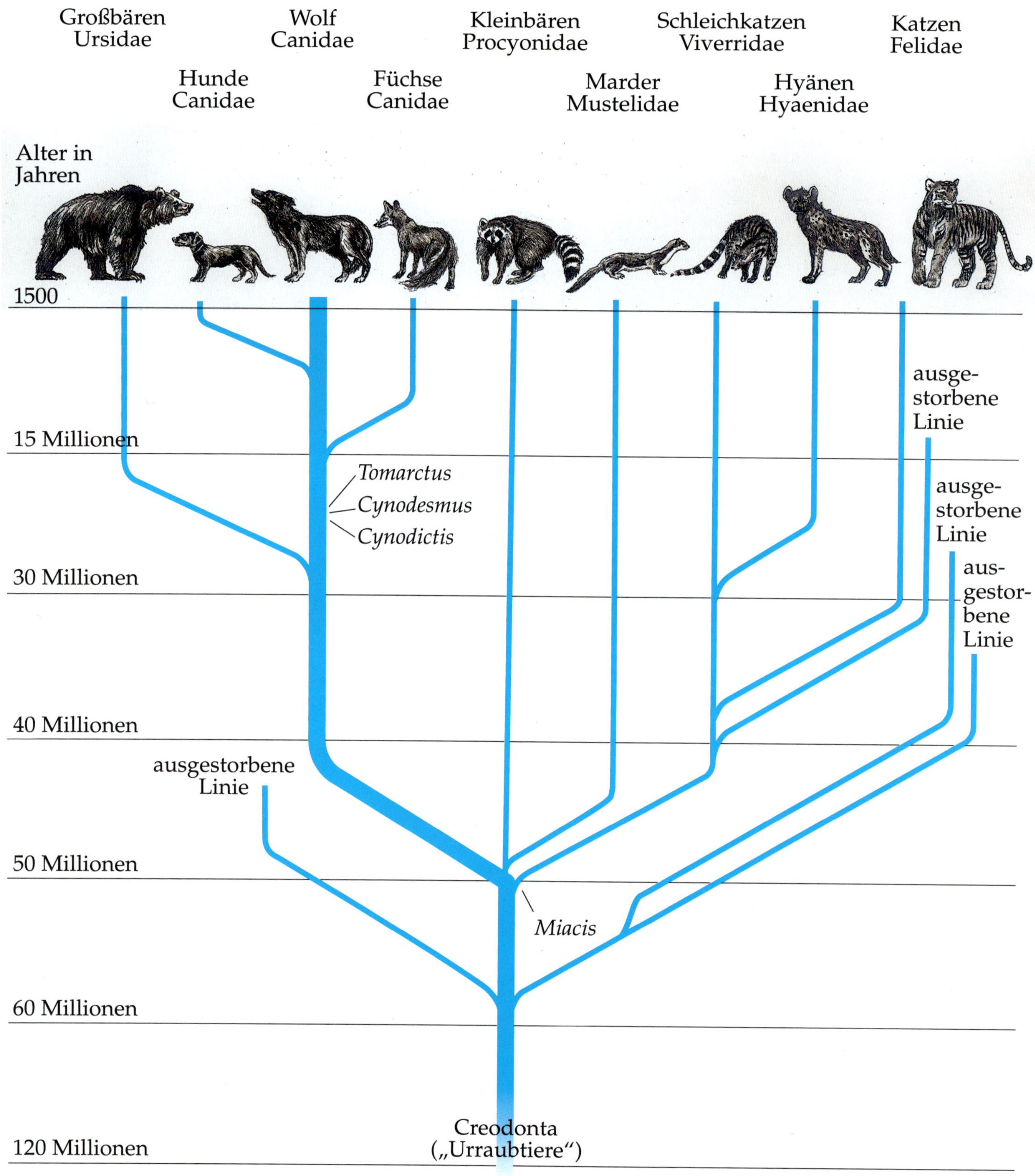